大坝老化与退役

彭辉　刘德富　编著

中国水利水电出版社
www.waterpub.com.cn

内 容 提 要

　　本书在借鉴国外研究与经验的基础上，结合我国的国情，对大坝老化、寿命以及安全、生态等问题开展研究，思考我国应该如何面对现存的已出现安全隐患和已丧失原有功能的大坝的退役问题，从经济角度、生态角度、工程角度合理提出了大坝退役决策判别方法。

　　本书可供水利水电、环境、经济、社会等相关领域的专业技术研究人员、政府职员、大坝管理人员以及高等院校师生阅读和参考。

图书在版编目（C I P）数据

大坝老化与退役 / 彭辉，刘德富编著. -- 北京：
中国水利水电出版社，2015.8
ISBN 978-7-5170-3620-3

Ⅰ. ①大… Ⅱ. ①彭… ②刘… Ⅲ. ①大坝－安全－
研究 Ⅳ. ①TV698.2

中国版本图书馆CIP数据核字(2015)第211249号

书　　　名	**大坝老化与退役**
作　　　者	彭辉　刘德富　编著
出 版 发 行	中国水利水电出版社 （北京市海淀区玉渊潭南路 1 号 D 座　100038） 网址：www. waterpub. com. cn E - mail：sales@waterpub. com. cn 电话：(010) 68367658 （发行部）
经　　　售	北京科水图书销售中心（零售） 电话：(010) 88383994、63202643、68545874 全国各地新华书店和相关出版物销售网点
排　　　版	中国水利水电出版社微机排版中心
印　　　刷	北京瑞斯通印务发展有限公司
规　　　格	184mm×260mm　16 开本　10.25 印张　190 千字
版　　　次	2015 年 8 月第 1 版　2015 年 8 月第 1 次印刷
印　　　数	0001—1000 册
定　　　价	**48.00 元**

过去几十年中，人们已经就大坝对河流的物理、化学和生物特征产生的影响进行了大量研究。许多研究表明：大坝改变了水流运动方式、河流形态、水文条件、溶解氧含量、营养物质含量、泥沙含量以及生物的迁移路径；同时，大坝也可以为某些濒危动物提供生境，为湖泊型鱼类提供了良好的繁殖场所。但总的来说，大坝修建对原有水生态系统会产生影响。迄今为止，世界上 60% 的大江大河已被水坝、运河和引水工程所阻断。由于大坝及其附属水利设施的建设，导致了众多淡水栖息地和物种的丧失，全球因此有 21 条河流及其流域生态严重退化。筑坝的影响以及相关的社会经济压力使人们必须重新审视大坝建造所带来的负面效应，有些国家已经对病坝等具有严重问题的大坝进行拆除，以达到修复河流生态系统的目的。目前，以世界上最早建造大型水坝的美国为代表，拆除那些老化的、毫无经济效益以及有严重安全问题的水坝，恢复自然的、富有生气的河流，已成为一种新的趋势。迄今为止，美国已经拆除了 578 座大坝（绝大多数高度在 15m 以下）。同样，在过去的半个世纪里，大坝在给中国社会带来效益的同时，建坝引起的环境问题也越来越突出，为此国内也有一些人对大坝修建提出了批评，也有极少数人片面而缺乏理性地反对建坝，忽视了中国的国情和建设大坝对中国经济今后相当长一段时间的重要意义。为此，中国的有关政府部门和许多专家学者都意识到我国的水电开发必须科学合理，在保证良好经济效益和生态效益的前提下，有步骤、有计划地开发河流。

本书在借鉴国外经验的基础上，结合我国的国情，对大坝老化、寿命以及安全、生态等问题开展研究，思考我国应该如何面对现存的已出现安全隐患和已丧失原有功能的大坝的寿命和可持续发展问题。

国际大坝委员会（ICOLD）将大坝安全作为一项重点工作，着手进行大坝各种安全评价与改建。我国大部分大坝兴建于20世纪50—70年代，受当时条件限制，许多工程先天不足，随着工程的逐年老化，加上管理落后，致使许多大坝沦为病坝，给下游人民群众生命财产及城镇、交通干线和工矿企业等设施的安全构成严重威胁，水库大坝安全已成为我国新时期水利领域亟待解决的公共安全问题。由于大坝灾害荷载与结构抗力具有时变不确定性，因此，结构的功能也具有时变不确定性，大坝功能退化对大坝安全性具有重要影响。根据《国家中长期科学和技术发展规划纲要（2006—2020）》，水库大坝在复杂工作条件下功能退化的规律以及其寿命预测与损伤检测、风险决策方法研究属于重点领域及其优先课题中公共安全部分（10）的重大自然灾害监测与防御（62）的范畴，该优先课题重点研究的内容是大坝可持续管理、溃坝、决堤险情等重大自然灾害综合风险分析评估技术。

然而，大坝综合风险分析评估技术是一项非常复杂的工作，包括技术、经济、社会等诸多方面的因素，因此应该及早开展研究，探索出适应于我国国情的、科学的对策与相应的技术措施。类似人类和动植物一样，水库大坝也有生老病死这样一个客观过程，应得到科学有效的管理，从而构成一个水库大坝规划设计、建设与运行管理、除险加固，乃至降等和报废拆除全过程的管理体系。

我国是世界上拥有水坝最多的国家，几乎所有大小江河的干流或支流上都有密如蛛网的水坝，总数超过万座。水坝形式多样，几乎囊括人类历史已有的所有类型。这些大坝有的成为国内争论的焦点：一方面，人口的极度膨胀和经济欲望对水、电资源的无限渴求；另一方面，来自生态环境的反作用力也在时刻威胁着中国21

世纪可持续的发展。目前许多专家和学者已经意识老坝、病坝潜在的危险性，同时许多专家学者在病坝修复加固上进行了大量研究，为此水利部专门制定了《水库降等与报废管理办法（试行）》，这成为我国目前指导大坝运行管理的纲领性文件。然而，关于大坝降等、退役和报废处理的具体研究成果并未出现，对退役坝进行拆除在我国是一个新生事物，目前国内还未进行这方面的专门研究，同时也没有与之配套的、可操作的实施细则，在开展建坝河流生态环境与定量经济的评价指标体系与评估模型的研究方面也未起步。为此，本书以国外大坝退役特别是美国大坝退役研究理论和实践作为基础，将大坝安全性、经济性、生态性、社会性等指标有机结合起来，重新界定并提出新的病坝概念，使病坝概念突破传统上只考虑安全性而忽略生态性、经济性、社会性的理念，另外，从经济角度、生态角度、工程角度合理提出病坝退役决策步骤并从建坝河流服务价值功能、建坝河流水文特性改变、大坝结构老化、水库泥沙淤积4个方面提出了大坝功能退化演变与寿命预测模型。

限于作者水平有限，书中许多研究内容只是一个初步探索阶段，需要更多专家和学者深入探究。大坝退役决策研究是一项复杂的系统工程，需要与多门学科相互合作，同时也需要更多的人逐步关心和理解这一新的研究，这不仅有利于国家的生态保护，而且有利于促进人与自然的和谐发展。值得说明的是：本书作者并不是反对修建大坝，大坝建设对中国的未来发展意义重大，兴建大坝为了"兴利除害"，而对那些已经丧失功能且无法发挥经济社会效益的大坝，特别是中、低坝需要慎重考虑其未来走向。书中提出的计算方法还比较粗略，本书考虑的重点放在定量的因素上，其实与大坝相关的许多因素是非定量的，也是模糊的。作者呼吁我国水利部门尽早建立相应的大坝退役实施指导原则和规程，同时国家政府部门也需要高度关注该问题，及早颁布相应的法律法规。

本书研究得到三峡大学、武汉大学多位教授和领导的支持与关心，三峡大学"三峡地区地质灾害与生态环境湖北省协同创新中心"对本书的出版给予资助，在此一并衷心感谢！

限于作者水平，书中难免存在疏误之处，敬请广大读者批评指正。

作　者

2015 年 7 月

目　录

前言

第1章　绪论 …………………………………………………………… 1

1.1　建坝历史 …………………………………………………………… 1

1.2　大坝修建的主要原因 …………………………………………… 3

1.3　拆坝与建坝之争 ………………………………………………… 3

　　1.3.1　美国反坝运动由来已久 …………………………………… 3

　　1.3.2　世界上的反坝运动 ………………………………………… 5

　　1.3.3　国际上反坝拆坝之声未成主流 …………………………… 10

　　1.3.4　国际反坝及拆坝运动对我国水电建设的影响和思考 …… 11

1.4　病险坝拆除存在的主要问题 …………………………………… 13

　　1.4.1　我国水库大坝可持续发展与安全管理中的新问题 ……… 13

　　1.4.2　国外大坝拆除存在的问题 ………………………………… 16

1.5　本书研究的目的及意义 ………………………………………… 18

　　1.5.1　研究目的 …………………………………………………… 18

　　1.5.2　研究的意义 ………………………………………………… 18

参考文献 ………………………………………………………………… 19

第2章　大坝降等退役现状分析 ……………………………………… 20

2.1　大坝降等退役现状 ……………………………………………… 20

　　2.1.1　美国大坝拆除现状 ………………………………………… 21

　　2.1.2　加拿大拆坝现状 …………………………………………… 34

　　2.1.3　欧洲拆坝现状 ……………………………………………… 34

　　2.1.4　日本拆坝现状 ……………………………………………… 35

　　2.1.5　新兴发展中国家拆坝发展趋势 …………………………… 36

2.2　大坝拆除的主要原因 …………………………………………… 37

　　2.2.1　大坝带来的主要问题 ……………………………………… 37

  2.2.2 大坝拆除主要原因 ·· 45

参考文献 ·· 49

第3章 大坝功能退化及降等退役决策步骤 ············ 54

3.1 大坝功能退化与病坝关系 ·································· 54

3.2 病坝的识别 ·· 54

3.3 病坝降等拆除决策步骤 ···································· 56

3.4 决策中需要考虑的重要问题 ································ 58

3.5 本章结论 ·· 61

参考文献 ·· 61

第4章 大坝对河流服务功能影响的价值评估方法 ···· 63

4.1 评估思路 ·· 64

4.2 建坝河流生态系统服务功能的分类 ························ 64

4.3 评估方法与价值计算 ······································ 65

  4.3.1 提供产品功能类 ······································ 65

  4.3.2 支持功能类 ·· 67

  4.3.3 大坝管理保障功能类 ·································· 69

  4.3.4 调节功能类 ·· 69

  4.3.5 文化娱乐功能 ·· 71

4.4 总评估结果 ·· 71

4.5 本章结论 ·· 71

参考文献 ·· 72

第5章 大坝对发电效益影响的评价研究 ·············· 73

5.1 概述 ·· 73

5.2 河流水文特性改变产生的影响及其评价 ···················· 75

  5.2.1 径流还原方法概述 ···································· 75

  5.2.2 改进的分项调查法理论 ································ 76

  5.2.3 案例 ·· 81

5.3 水库泥沙淤积对电站发电效益的影响及其评价 ·············· 84

  5.3.1 基本方程组 ·· 84

  5.3.2 方程组简化计算 ······································ 85

  5.3.3 模型的验证 ·· 86

5.3.4 水库泥沙淤积量与有效库容的关系 ·························· 87

5.4 本章结论 ·························· 94

参考文献 ·························· 94

第6章 大坝安全可靠性研究及风险评价 ·························· 96

6.1 大坝安全风险理论 ·························· 96

6.2 混凝土重力坝综合安全度研究 ·························· 99

6.2.1 重力坝系统的特点及基本随机变量 ·························· 100

6.2.2 抗力与荷载效应随时间变化模型 ·························· 101

6.3 混凝土大坝综合安全可靠性研究 ·························· 109

6.3.1 计算方法 ·························· 109

6.3.2 案例 ·························· 110

6.4 本章结论 ·························· 112

参考文献 ·························· 114

第7章 大坝经济寿命及决策评判模型研究 ·························· 116

7.1 评判模型的建立 ·························· 116

7.1.1 大坝年效益与损失的计算 ·························· 116

7.1.2 评判模型计算原理 ·························· 117

7.2 案例 ·························· 124

7.2.1 工程概况 ·························· 124

7.2.2 基础资料 ·························· 127

7.2.3 每年总效益与总损失的计算 ·························· 128

7.2.4 建坝后效益-损失临界时间 t^* 的计算 ·························· 134

7.2.5 大坝修复后效益-损失临界时间 t_1^* 的计算 ·························· 135

7.2.6 大坝修复后再退役分析研究 ·························· 142

7.3 本章结论 ·························· 143

参考文献 ·························· 143

第8章 退役坝拆除方法及拆除后生态研究 ·························· 144

8.1 退役坝拆除方法研究 ·························· 144

8.1.1 常用拆除方法 ·························· 144

8.1.2 拆除方法的选择 ·························· 146

8.2 退役坝拆除技术 ·························· 147

8.2.1 拆除过程 …………………………………………… 147

8.2.2 拆除技术要点 …………………………………… 149

8.3 退役坝拆除对河流生态效应的影响 ……………… 149

8.3.1 退役坝拆除的长期生态效应影响 ……………… 149

8.3.2 拆坝的短期生态效应影响 ……………………… 151

8.4 退役坝拆除前后的安全监测 ……………………… 151

8.4.1 拆坝前的安全监测 ……………………………… 152

8.4.2 拆除后的安全监测 ……………………………… 153

8.5 本章结论 …………………………………………… 153

参考文献 ……………………………………………… 154

第1章

绪　论

1.1　建　坝　历　史

美索不达米亚东边扎戈罗斯（Zagros）山脉丘陵地区的农民也许是第一批建造水坝的人，在该地区考古发现了8000年前的灌渠[1]。到了6500年以前，苏美尔人在沿底格里斯河与幼发拉底河下游平原上，建立起纵横交错的灌溉网络。现存世界上最早的水坝是公元前3000年建造的古城佳瓦（Jawa，现在约旦境内）供水系统水坝的一部分。该供水系统包括200m宽的溢流堰，通过这个溢流堰，水被分配到10多个小型的水库中，这些水库的水坝中间最大的有4m多高，80多m长。此后400年，大约是在修建第一座金字塔的时代，古埃及的工匠在开罗附近的季节性溪流上修建拦水坝，这些大坝主要由沙、卵石和岩石堆积而成，一般高度在14m左右，长度则超过100m。

在公元前1000年的末期，石头和泥土修建的水坝在地中海地区、中东、中国和中美洲等地出现了。现存的特色最鲜明的是罗马水坝，迄今为止这些水坝在水利工程方面继续发挥着作用。在西班牙，一座高46m的石坝于1580年在阿里坎特（Alicante）附近开始兴建，14年后竣工，该水坝在高度及规模上大约保持了300年左右的世界纪录。

南亚建造水坝的历史也很悠久。公元前4世纪开始，斯里兰卡各城市便开始修建长长的土堤来蓄水。这些早期的土石坝在公元前460年被加高，有的高度达到34m，是当时世界最高的水坝，这个高度纪录保持了1000多年。

将流水的能量转化为机械能的历史几乎与灌溉一样久远。古埃及和苏美尔使用一种称为戽水车（Noria）的水轮，在轮的四周边缘上挂着水桶从河或渠道中戽水。到了公元前1世纪，罗马人用水车来磨谷物。1086年，英王威廉一世颁布的土地调查清册（Domesday Book）记载，英国当时有5624座水车，大约每250人便有一座。

水车不仅仅用来提水和磨谷物。在中世纪晚期，它们在大工业中心的德国和意大利北部有着多种用途，包括为造纸而捣乱破布头、打铁、压制皮革、纺丝线、粉碎矿石和从矿井中抽水。19世纪工业革命蓬勃发展的英国，差不多修建了 200 座高 15m 的水坝，主要是为了蓄水以供不断扩大的城市之用。1900 年，英国的大型水坝数目几乎是全世界其他国家大型水坝的总和。19 世纪的水坝主要是土石坝，其设计基本上根据试错法，直到 1930 年之前，对于泥土与岩石在压力作用下有什么样的力学特性，几乎没有什么科学理论研究依据。19 世纪水坝建设者也几乎没有任何准确的水文气象资料，也没有多少统计工具来分析业已获得的水文数据。其后果可想而知，这个阶段的大坝失事率很高。

法国工程师福内戎（Benoit Fourneyron）于 1832 年完善了首台水轮机，极大地提高了水车的效率。自水泥问世以来，建筑业的迅速发展最终促进了19 世纪后半叶电力工业的迅速发展。世界上第一座水电站建在威斯康新州阿普尔顿（Appleton）的一座拦河坝内，于 1882 年开始发电。随后，在意大利和挪威也相继建成了水电大坝。

在以后的几十年间，小型电站纷纷在欧洲、亚洲、北美洲湍急的河流上被修建，成为 20 世纪早期的一大景观。开始于 1931 年兴建的胡佛大坝开创了近代史上真正意义上的大坝修建先河，使得各国在随后几十年的水电开发中，大坝规模不断扩大，装机容量越来越大的巨型电站应运而生，极大地推动了水电能源科学技术的发展。

到 20 世纪 40—60 年代，建设大型水坝几乎成了经济发展和社会进步的同义词，水坝建设风起云涌，20 世纪 60—70 年代达到顶峰时，全世界几乎每天都有 2～3 座新的水坝投入工作。然而，随着大坝的不断建成，大坝的一些负面效应也日益显现，关于水坝利弊之争诞生了。水坝利弊之争主要针对大型水坝。大型水坝是指水坝高度（从地基处算起）大于或等于 15m，或者坝体高度在 5～15m 之间但其水库总储水量超过 300 万 m³。据国际大坝委员会（ICOLD）统计的资料，目前全球至少已建成 4.5 万座大型水坝，全世界有一半的河流至少建有一座大型水坝，分布在 140 多个国家，其中我国的大型水坝有 25800 多座。而我国的三峡大坝可谓是"坝中之星"，是目前世界上规模最大的水坝[2]。

当今世界上有 24 个国家依靠水电为其提供 90% 以上的能源，如巴西、挪威等国；有 55 个国家依靠水电为其提供 50% 以上的能源，包括加拿大、瑞士、瑞典等国；有 62 个国家依靠水电为其提供 40% 以上的能源，包括南美的大部分国家。全世界水电的发电量占所有发电量总和的 19%，水电总装机容量为728.49GW。发达国家水电的平均开发度已在 60% 以上，其中美国水电资源已开发约 82%，日本约 84%，加拿大约 65%，德国约 73%，法国、挪威、瑞士也均在 80% 以上。

美国有大小坝（坝高 15m 以上）8724 座，水电总装机容量为 75.5GW，年发电量为 300TW·h，另有抽水蓄能电站装机容量 19GW，水库总库容为 135000 亿 m³，位居世界前列。从 19 世纪末以来，美国退役的大坝总数为 578 座。

加拿大有 804 座大坝，其中 596 座大坝以发电为主。

巴西有大坝 634 座，其中专为发电修建的大坝有 240 座。

截至 2012 年年底，我国坝高 30m 以上的大坝共 4700 多座（其中在建坝高 30m 以上大坝有 132 座），与世界各国相比，我国的水电总装机已居世界第一，年水电总发电量居第四，总库容居第三位。

1.2　大坝修建的主要原因

大坝的主要功能有两个[1]：①蓄水调节径流（包括日、旬、月、年、多年调节），增大枯水期调节流量，减少洪水灾害损失；②提高上游的水平面，使水能够改变流向或提高"水头"（Hydraulic head）。具体水坝功能为[3]：①为居民和工业供水；②农业灌溉用水；③防洪；④发电；⑤航运；⑥提供宽水域娱乐休闲；⑦养殖。

1.3　拆坝与建坝之争

1.3.1　美国反坝运动由来已久

很多人以前有一个不正确的概念[4-5]，以为西方的反坝运动兴起于 20 世纪 70 年代。实际上，在美国，反坝运动的历史基本上是伴随现代水坝工程的建设实践而同步书写的。美国自独立战争胜利赢得建国伊始，就揭开了被称为向西运动（western movement）的历史，从阿巴拉契亚山与密西西比河之间的旧西部，到落基山以东的中西部，再到落基山以西至太平洋岸边的远西部，不停顿地涌浪般地西进。在早期的西部开发中，新移民在农耕生产和矿业开采中利用了丰富的水力资源，自发地修筑了形形色色的各类堰坝（磨坊坝、消防坝、采矿坝、蓄水坝、灌溉坝、航运坝），主要目的为磨玉米、消防、采矿洗选、灌溉、饮水、船运等。至 19 世纪下半叶，当移民拓荒淘金潮席卷到落基山东麓的大平原和远西部的南部地区时，问题出现了。这些干旱的地区年降雨量加融雪量平均尚不及 50.8cm，仅靠老天爷的恩赐无法进行农耕灌溉。移民人口不断增长的城市也需要大量生活用水。同时，在已开发的旧西部和中西部地区，另一个问题出现了，即沿着溪流江河靠灌溉、取水、交通的便利而逐渐兴盛起来的村镇和城市，人口和财富迅速积聚，却年年受到洪水的威胁。

著名探险家鲍威尔（John Wesley Powell）在《美国干旱地区的土地报告》一书中提出兴修大型水利工程和建立家庭式农庄的主张，得到美国国会和社会各界的赞同。但是，修建大型水利工程需要调集巨大的资源，仅靠社区、地方或私营公司的人力和财力都是远远不够的。因此，联邦政府开始在西部水利工程规划建设中发挥主导作用，从而深深地介入到西部开发，特别是水资源开发和管理事务中，极大地加速了美国西部经济的发展。至 1902 年，总管西部垦务的联邦政府机构——美国垦务局成立，连同先前 1802 年成立的陆军工程师团和其后 1933 年成立的田纳西流域管理局，被称为美国水利水电开发"三剑客"。从此，美国西部开发揭开了崭新的篇章。后人为纪念鲍威尔先生，把美国第三大坝格伦坝所拦成的水库命名为鲍威尔湖。

美国垦务局成立伊始即利用其技术和财力优势推进"把荒漠变成花园（Make the desert bloom）"的西部梦想计划，修筑蓄水坝和引流坝来储水和引水，修凿运河和导管来输水，著名的工程包括罗斯福坝、洛杉矶输水渠等。而正是在此期间，建坝者和有组织的反坝运动开始了首次激烈的正面交锋，这就是围绕赫奇赫奇峡谷（Hetch hetchy valley）水库计划的争议。

旧金山市计划修建大型远程供水工程，水库选在赫奇赫奇峡谷，而此峡谷恰恰位于风光旖旎的约塞米蒂国家公园内。被誉为"环境保护先知"、世界最早也是当今最大之一的民间自然保护组织"山地俱乐部（Sierra Club）"的缔造者、自然保留主义者约翰·缪尔（John Muir）发起了长达 7 年之久的抗议活动，获得举国上下的关注和相当广泛的应同，使"山地俱乐部"声名鹊起。坚决支持兴建此工程的是另一位环境保护运动的先驱、进步主义领袖、资源保护主义者、美国首任林务局长吉福德·平肖（Gifford Pinchot）。在最终权衡环境和经济利益得失后，美国国会专委会于 1913 年以 43 票赞成 25 票反对通过了赫奇赫奇峡谷水库提案并得到总统批准兴建（工程主体之一奥沙赫里舍大坝于 1923 年建成，坝高 7.92m）。

此后至第二次世界大战之间，是美国建坝的第一个高潮。政治家、金融家、实业家和水利水电专家同心协力，以巨型大坝为特征的多功能水利枢纽建设如火如荼，胡佛坝、大古力坝、邦尼维尔坝、沙斯塔坝都在这一时期建成。这些项目的建设主旨是落实西部水资源计划（如科罗拉多河协议，哥伦比亚大学盆地项目）和西部电气化计划（Electrification of the West）增强西部乃至全美国的经济实力和综合国力。美国反坝人士麦考利在其著作《沉默的河流》中也承认：西部水坝的电力帮助美国打赢了第二次世界大战，大古力坝和邦尼维尔坝的发电在战时几乎全部用于高耗能的飞机铝和核弹原料钚的生产。

第二次世界大战战后是美国建坝的第二个高潮，尽管建坝工程依然遭受非议，遇到的阻力越来越大，但在这一时期美国建成的水坝数量还是最多，其中包括一些著名工程，如格伦坝、奥罗威尔坝（全美最高，19.56m，土石坝）、大古力电站扩建等。有影响的反坝案例也不少。比如在犹他州和科罗拉多州界河上修建回声谷（Echo Park Canyon）水库的计划，因其要侵入国家公园的地界，众多媒体也站在反坝组织一边。美国国会举行了公开听证，结果以回声谷建库计划取消、自然保护区守护者取得胜利而告终。不过，作为替代，反坝组织同意兴建规模跟胡佛坝相差无几的格伦坝。此后，又有在大理石谷（Marble Canyon）处修建大型水库的技术方案和项目建议。该水库库尾将伸进世界闻名的大峡谷下段，影响自然景观。反坝联盟掀起了空前的抗议浪潮，在《纽约时报》《华盛顿邮报》《洛杉矶时报》连续刊登整版抗议广告，公众信函雪片似的飞入国会山，后来内务部撤销了该项目计划。

经过第二次世界大战之后，美国经济发展迫切需要大量的能源，一大批高坝巨坝在战后得到兴建，然而水坝之争的话题始终没有停止过，尽管在过去的几十年中，有些时候建坝呼声高过反坝呼声，有时反坝呼声高过建坝呼声，但直到现在，美国始终未停止过修建水坝。

1.3.2　世界上的反坝运动

而在国际上其他国家和地区，从 20 世纪 30 年代开始，也有许多学者和研究人员一直在收集大量关于水坝造成危害的数据[1]，这些数据表明，水坝以及与之相关联的灌溉系统，发电系统对流域、文化、国民经济将产生极大破坏。而且越来越多的数据表明大坝在很大程度上并没有履行其原来设计所期望的目标，在很多情况下，建造大坝总是超出预算范围，超出预算的资金不得不从其他更有发展潜力的行业抽调。水库有淤积的倾向，这一点早已有人预测到，而水电站所提供的电要比预期计划的少得多。如果灌溉系统的管理一旦遭到破坏，因无充足的水源，轻则导致许多农民的土地无法发挥原有的作用，重则造成土地荒芜。而事实上，大坝在其发展过程中给人们带来的利益也是毋庸置疑，正是由于上述原因，水坝之争在国际上愈演愈烈。

水坝与埃及的金字塔不同[6]，它们并非永恒。1954 年，印度的第一任总理尼赫鲁在旁遮普的赫加尔运河开通典礼上，面对运河及巴克拉大坝的建筑工地，以异常亢奋且激动的口吻，以一种民族主义和宗教虔敬的方式赞叹说："这是多么壮观、多么宏伟的工程啊！只有那些具有信念和勇气的人民才能承担如此的工程！它已经成为国家意志的象征，象征着这个国家正在迈向力量、决断和勇气的时代！"然而仅仅过了4年，尼赫鲁这位印度巨型水坝之父便对这些"现代的神圣庙堂"产生了另外的想法。他说："我一直在思考我们正在遭受着'畸形庞大之病'的折磨""我们想表明我们能够建成大坝并且能够成就大事业，但是，为表明我们能够成就大事业而且拥有大事业和完成大任务的思想，根本就不是一种良好的世界观。"

人类建造水利工程已经有几千年的历史[1]。工业化以后，特别是自然界的电被发现以后，利用水力发电造福人类，更是一度成为人类文明进步的象征。到了20世纪，水坝建设风起云涌，世界许多国家建造了大量的水坝和电站，这极大地推动了20世纪全球经济发展和社会进步。然而，随着大坝的不断建成，大坝的一些负面效果也日益显现，"水坝之争"这一话题诞生了。目前针对大坝问题有两大阵营分别持支持和反对态度。这两大阵营在各大报纸杂志以及不同的会议上经过多次对话、讨论后仍然不能达成共识，而水资源维持、生物多样性保护和能源短缺以及经济发展之间的矛盾是建坝之争的焦点问题。

支持建坝方的观点：水坝建设的作用不是单一的，除了防洪、灌溉、航运、旅游、水产养殖等之外，最主要是供水和发电。通过建坝蓄水，达到控制洪水并将其转化为可利用的水资源是现代水坝的重要作用之一。纵观历史，从中国的都江堰工程到古罗马的城市供水系统，通过修渠建坝成功地控制洪水和利用水资源已经成为人类几千年文明史的重要组成部分。世界上任何一个发达国家，如果没有特殊环境形成的天然水资源充足保证，无一例外地必须依靠水坝蓄水来解决其水资源供应问题。而如今随着各国经济的发展和人口增长，社会对水的需求量十分巨大，全球水资源短缺日益紧张，而大型蓄水水库的建设是解决水资源短缺的有力措施之一。

反对建坝方的观点：河流是有生命的，蕴藏着丰富的自然历史和人文历史。人类文明大都诞生于大河两岸，而文明的衰落也大多与河流的消失息息相关。因修建水坝（库）所引起的移民、泥沙淤积、生物多样性减少、土地文物淹没、下游水文条件改变、河流物理、化学效应的改变等一系列问题受到越来越多的批评和质疑。

20世纪60年代以来，反对建坝人士的呼声日渐增高，这是因为越来越多的人意识到大坝所具备的一些功能可以通过其他替代工程项目加以弥补。例如，对于易受干旱袭击地区的供水，可以通过迅捷、廉价和具有同等功效的其他可替代供水方案加以解决，有些则可以采用传统技术（如挖掘暗沟、地下渠等），也可以采用现代新方法（滴灌、地膜覆盖技术等），也可以将传统方法与新方法相结合。有些情况下，通过提高供水的效率和利用率可以极大地提高水的作用而无需修建过多水坝。与此同理，许多国家在节约能源和提高效率方面都有很大的潜力可以发掘，一旦这些潜力被发掘出来，减少电站发电量、降低大坝高度也将是很好的可选方案。随着经济和科技的发展，可再生资源的建设成本，尤其风能、太阳能、潮汐能的建设单位成本迅速下降，对世界许多地区，获得新能源的投资已经比水电要便宜得多。正是在这些历史背景下，反坝、拆坝的呼声和行动愈演愈烈。

有些反对修建大型水坝的人认为通过修建小型水坝也可以获得很好的收益。然而，用小型水坝代替大型水坝依然困难重重。一个尖锐的问题就是：什么是"小型的"，什么是"大型的"？通常而言，区别的标准采用大坝高度，但有时候也采用水库表面积、发电能力或灌溉面积进行区分，国与国、机构与机构之间的定义差别很大。大坝的高度常常不是一个评价水坝影响力的唯一指标。例如，一座修建在人口密度较大的漫滩上的 15m 高的河床式电站，与在深山中 100m 高的重力坝或拱坝相比，后者比前者可能淹没的地方要少、移民要少，同时对河流的生态、社会状况影响也可能较小。除了大坝修建位置十分重要之外，大坝的功能和运行管理也可能比其高度和规模更重要。比如说，印度的法拉卡水坝（Farakka Dam）向恒河的分流便对下游的孟加拉国的经济和生态产生了灾难性的影响，而法拉卡大坝的高度却不到 15m。通常而言，一座大坝的坝址和运行模式确定后，大坝越高，其带来的负面影响也就越严重。

而那些反对用小型大坝代替大型大坝的人士持有的主要观点则是修建小型水坝的单位淹没成本通常要比修建大型水坝单位淹没成本高。然而，没有任何一个鼓吹兴建小型水坝的人认为小型水库能够达到大型水库同等水平发电量。例如，在南美洲巴拉那河（Parana River）上修建 15700 个装机容量为 1MW 的大坝，不能与伊泰普和亚西莱塔（Yacyreta）两座电站 15700MW 的发电能力相提并论。

事实上，小型水坝与大型水坝相比确有优点。小型水坝造价更加低廉，对投资者的风险较小，而且即便小型水坝出现建造问题或不能按计划投产发电，也不会对一个国家的经济造成巨大影响。水坝越小，其建造的利润以及运行就越容易使当地社区受益，而不需要聘请更多外来的大型施工队伍和管理人员。小型水坝可以方便地向边远山区送电，而大型国家级电网则更多的精力放在主要城镇供电。小型水库可以向当地农民自由供水，而不需要修建专门的引水管路。对移民而言，小型水坝容易得到当地政府的补偿。小型水库的淤泥可以每年得到清理，且费用低廉，不多的泥沙可以撒在附近的农田里，一方面维持了库容，一方面又肥沃了农田。另外，小型水坝对周围特别是下游的安全威胁小很多。

现在世界上的主要河流上均修建了水坝；许多大江大河现在差不多都变成

了水库搭起来的台阶。2000km 长的哥伦比亚河（Columbia River）上一段 70km 的水道，竟有 19 座大坝将其拦腰截断。在美国本土，只有黄石河（Yellowstone River）是个特例，有 1000 多 km 长的水路没有被水坝截断。在法国，唯一一条自由流淌的罗纳河（Rhone）于 1986 年也未逃脱被截断的命运。在欧洲的其他地方，不论是伏尔加河（Volga）、威悉河（Weser）、埃布罗河（Ebro）还是塔古斯河（Tagus），每条河流在流经其总长的 1/4 之后，均要流经一座水库。

世界银行的一个顾问在 1987 年写到："水资源开发的未来将呈现出这样一幅画面，到 21 世纪世界上所有的河流都将被拦河大坝截断，世界上所有的河水都将由水库或其他方法储存起来。"今天，持这种观点的人不在少数，而更多的人越来越理性地认识到河流健康对于可持续发展的真正含义。

面对不断增长的反坝呼声，在世界保护联盟和世界上许多大坝的始作俑者——世界银行的推动下，于 1998 年成立了独立的世界水坝委员会（World Commission on Dams），以便讨论和评价水坝发展的有效性；评估水资源和能源发展的替代方法；对水坝的规划、设计、评估、施工、运营、监督和退役的全过程提供国际准则、指导方针和标准。这是人类在面对发展与环境的重大问题时，一个非常值得关注的重要事件。然而更值得关注的是，在耗资上千万美元、历时两年、经过最为全面和深入的研究之后，世界水坝委员会作出了结论。这些结论集中反映在长达 400 页的报告《水坝与发展——新的决策框架》中，其中最重要的也许是这样一句话："水坝对人类发展贡献重大，效益显著；然而，很多情况下，为确保从水坝获取这些利益而付出了不可接受的、而通常是不必要的代价，特别是社会和环境方面的代价。以'一个群体之所得，抵另一个群体之所失'的资产负债表示的方法来评估，水坝的成本和收益是不能接受的，特别是在各界都已承诺保护人权和可持续发展的背景下。"

据世界水坝委员会提出的研究报告，世界范围内水库的泥沙淤积形势不容乐观，现在每年约有 1% 的水库淤满报废。水库淹没大面积土地，严重影响河流的生态安全。在我国[7]，这方面的情况更是令人担忧：三门峡水库是我国最早建设的大型水库，1960 年开始蓄水，仅仅到 1961 年 6 月，库区淤积的泥沙就已达 15.3 亿 t，接近库容的 20%。由于黄河倒灌、造成渭河平原严重淤积、洪水肆虐、土地盐碱化、航道阻碍，不得不花巨资多次进行改建，并迫使水库放弃防洪、发电、供水等功能，完全以泄水排沙的方式维系上游的安全和水库的存在，折腾了 40 多年，最后却回到力争无库自然状态的起始点；黄河上游的青铜峡水库，建成后 5 年内损失的库容竟达到 87%；贵州乌江渡水电站，原设计 100 年淤满 60m 死库容，结果仅仅 10 年就淤了 70m；大渡河上的龚嘴电站 1971 年建成，而到 1991 年，整个库容从 3.2 亿 m^3 下降到 0.85 亿 m^3，淤积超过整个库容的 2/3，使龚嘴水库只能勉强运行，完全失去了调节能力；四川省 1949 年以来修建的各类水利工程有 76 万处、水库 9000 多座，根据中国科学院南京土壤研究所的研究，由于严重的水土流失造成的水库淤积，四川省现在平均每年损失的水库库容是 1 亿 m^3，相当于每年报废一个大型水库。据估计，全世界水库的总蓄水量高达 10000 亿 km^3，相当于世界全部河流水量的 5 倍。水库淹没的面积超过 40 万 km^2。阿克松博（Akosombo）大坝后面的沃尔特水库（Volta Reservoir）是世界上最大的水库，具有 $8500km^2$ 的表面积，其淹没的面积相当于加纳 4% 的国土面积。在美国[7-9]，水库淹没的面积相当于新罕布什尔州和佛蒙特州的总和。地球表面的 0.3% 已经被水库淹没，而水库淹没的地方往往是地球上最肥沃的地区，也是动植物物种最丰富的地区之一。由于人口增长和水坝的不断兴建，淡水生物是生态系统中遭受水坝影响最严重的生物群落之一，许多淡水生物已经严重退化，甚至有些物种已经完全从地球上灭绝。有些研究表明：一座水坝可以将河谷生命网络间的联系彻底切断。瑞典生态学家于 1994 年得出结论，美国、加拿大、欧洲及苏联最大河流年径流量的 4/5 受到拦河大坝的调节、分散和分割。大坝进行的分水对下游影响最为极端的例子是中亚的咸海（Aral Sea），它曾经是北美洲以外最大的淡水水体，但现在已经缩减到不到原来面积的一半，而且已经分隔为 3 个独立的高盐度湖泊。

水坝是导致世界上 1/5 的淡水鱼濒于灭绝或灭绝的主要原因[1]。对那些建坝最多的国家，这个比例甚至更高，在美国这一比例约为 2/5，而在德国则接近 3/4。两栖动物、软体动物、昆虫、水禽以及其他滨水生物同样受到巨大威胁。另外，修建大坝引起的社会问题同样无法回避，如移民问题、疾病、贫困、文化古迹的消亡等。

过去几十年来，人们已经就大坝对河流的物理、化学和生物特征产生的影响进行了研究。大坝改变了水流运动方式、河流形态、水文条件、溶解氧含量、营养物质含量、泥沙含量以及生物的迁移路径。有时，大坝可以为某些濒危动物提供生境，为湖泊型鱼类提供良好的繁殖场所，但总的来说，大坝对水生态系统普遍具有不利影响。例如，在加利福尼亚，大坝阻断了大鳞大马哈鱼和虹鳟大部分的重要产卵地导致了溯河产卵鱼类的减少。由世界自然基金会（WWF）与世界资源研究所共同完成的《险境中的河流——水坝与淡水生态系统的未来》的报告说，大坝在提供水和电力的同时，还对淡水生态系统造成了严重破坏。世界上 60% 的大江大河已被水坝、运河和引水工程所阻断。由于大坝及其附属水利设施的建设，导致了众多淡水栖息地和物种的丧失。全球因此有 21 条河流及其流域生态严重退化。筑坝的影响以及相关的社会经济压力越来越驱使人们必须重新审视大坝建造所带来的负面效应。正是由于以上原因，在国外有些国家已经采用大坝拆除的方式进行河流生态修复。

现在，以世界上最早建造大型水坝的美国为代表，拆除那些老化的、毫无经济效益而言的以及有严重问题的水坝，恢复自然的、富有生气的河流，已成为一种新的趋势，一些鼓吹大坝拆除的人士风趣地称："后大坝时代正向我们走来"。

随着人类环境意识的觉醒以及可持续发展理念的诞生，在经历了对大坝这样的大型工程顶礼膜拜的时期以后，在世界范围内，人们终于开始重新审视和认真反思大坝带来的一系列问题。世界上的大型水坝（按世界水坝委员会的定义，坝高在 15m 以上）已达到 45000 座，中国居首位，有 22000 座，占世界的 45%。自新中国成立以来，数量庞大的水坝为中国过去 50 多年的经济发展和农业生产注入了强大的生机与活力，也促进了中国综合实力的巨大提高。大坝在控制洪水灾害、发电、提供用水、灌溉等等方面确实带来了巨大利益。但是，必须清醒地认识到，目前我国主要河流存在的问题也很突出，断流、淤积、生态环境退化等给的自然和社会带来了严重的负面影响，时刻危及 21 世纪可持续发展的总体部署。国内也有一些人积极响应世界其他国家的反坝运动，片面而缺乏理性地反对建坝，忽视了中国的国情和建设大坝本身意义。为此，政府部门和许多专家学者都意识到水电开发必须要科学合理，在保证良好经济效益和生态效益前提下，有步骤、有计划地开发河流。

1.3.3 国际上反坝拆坝之声未成主流

在反坝运动中，有些人提出了更为激进的拆坝主张[4-5]。国内也不时有人引述"美国拆坝"来反对水电开发。下面以拆坝数量最多的美国为例进行分析。

在美国如果大小各种水坝都算上可能超过 200 万座。前美国内务部长巴比特就曾形容过：美国独立以来，平均每天都要建一座水坝。美国陆军工程师团水坝资料收录的标准有 3 个：①坝高 1.83m 且蓄水量约达 6 万 m^3；②蓄水量大于 1.8 万 m^3 水且坝高 7.62m 以上；③溃坝会危及人的生命或造成严重财产损失者。只要符合其中任何一条就要收录。美国建坝的历史与美国独立的历史一样久远，已经有 200 多年的历史，这些在不同年代、不同技术经济条件下修建的不同用途的水坝，在不同的管理维护方式下运行，使用年限一定是完全不同的，每年一定会有相当数量因各式各样的原因而不再使用或者干脆废弃的水坝。

更重要的是，还应该注意到，在英文单词中 Dam 既代表水坝、大坝，也可以指主坝，而水坝、大坝、主坝的含义区别很大，不可笼统而简单加以用之。国际大坝委员会的大坝（Large Dam）标准是 15m 坝高（或低于 15m 但高于 5m 且库容大于 300 万 m³），全球约有 45000 多座大坝。还有主坝（Major Dam）的定义指那些坝高超过 150m 的巨型大坝，全世界共有 300 多座，美国拥有约 50 座。这与"反坝"和"拆坝"说法中的"坝"在本质上不同。当然，反坝、拆坝倡导者发起运动的目标是反对建造或主张拆除大坝和主坝。然而，美国已有的拆坝具体而详细的数据和图片表明，尽管已经拆除了 500 多座水坝，正拟拆除的水坝上百座，其中绝大多数（90% 以上）都称不上是大坝，更别说是主坝。事实上有影响的大坝没有一座被人为拆除。这 500 多座拆除的水坝大都是修筑在支流、溪流上的年代已久丧失功能的废坝、弃坝，因为经济或安全或生态原因而被拆除。水坝已经废弃，若拆除后又能恢复部分河段鱼类生态，有的保护鱼类的环保组织或经营企业还愿意出资分担拆坝费用，促进生态协调发展。而恰恰相反，美国目前仍有 2500 多座电站在发电，占全国电力生产能力的 11%，具有举足轻重的地位。所拆大坝与现存大坝相比，无论在规模还是在数量上都未占优势。从以上统计数据上可以看出：尽管美国在大坝拆除上走在了世界的前列，但是大坝拆除在美国并未占据主流。这是明显的事实，更谈不上在世界范围内如何如何，大坝拆除只是一种工程现象，需要认真分析和研究。一位百科全书撰稿人写到："在可见的未来，大量大坝被拆除或扒开的概率甚小。"拆坝运动组织编写的《拆坝的成功故事》也写到："有一点非常清楚，对所有的坝，包括美国 75000 座水坝，绝大多数来水坝拆除并不适合。"不过，美国拆坝活动的发展动向关系到全球建坝和反坝的力量平衡与消长，特别是这些活动通过传媒影响到公众乃至政府的看法。所以，需要冷静观察。此外，反坝和拆坝者所讲述的一些道理，可以帮助决策者和执行者在流域规划、枢纽设计、大坝施工、水库调度及电站运行等方面更加重点地考虑生态和环保因素，加强水利水电项目的环境评估和环境保护研究。

而其他各国，尤其是西方发达国家，所拆大坝数量与本国大坝总数相比也是微乎其微[10]，如西欧共有大坝 4286 座，其中西班牙高居榜首，有 1187 座大坝；法国 569 座；意大利 524 座；英国 517 座；挪威 335 座；德国 311 座；瑞典 190 座；瑞士 156 座；奥地利 149 座；葡萄牙 103 座。在法国，其退役的大坝占本国大坝总数的 0.8% 左右，其他国家的比例更低。

1.3.4　国际反坝及拆坝运动对我国水电建设的影响和思考

在我国，围绕兴建水利水电工程同样也存在争议，个别大坝项目在设计、论证、建设和管理中的失策也警示我们：要正视大型水利水电工程对生态与环境的负面作用，并在项目论证决策和建设运营的过程中采取必要的措施来抑制或降低其影响[11]。新中国成立后，我国兴建了世界上为数最多的水坝，并且还在规划、建造更多的大型水利枢纽。如何吸取过去失败案例中的惨痛教训，同时学习借鉴国际现代坝工建设水平和国内大坝建设成功实践的丰富经验，是摆在我国水利水电项目决策者和建设者面前的现实课题。凡事一分为二，修坝建库在带来巨大效益的同时，也要产生某些负面影响，尤其我国早年在"控制自然、改造自然"的指导思想下，存在忽视生态环境和移民权益的情况，在新世纪中更要引以为戒，坚决纠正。总之水电是目前人们唯一能大规模商业化开发的可再生清洁能源，能持续地、积累性地减少燃烧矿石资源产生的环境污染，影响之巨大和深远无可否认。避不谈此、片面夸大负面作用，有失公正。但也需要正视我国大坝目前面临的严峻形势：①许多20世纪50—60年代修建的中小型坝出现了严重的老化问题，有的因当初设计不规范、施工质量差，有的长期缺乏科学的管理和充足维修资金，有的因建坝后河流水文特性发生改变，造成了许多大坝目前无法正常发挥原有的设计功能；②许多大坝因结构存在问题，严重威胁下游城镇和当地居民的人身安全；③人口增长所带来的土地开垦引起大面积水土流失，加剧水库淤积，大坝效益逐年下降；④水库引起的河流生态系统不断恶化，无法发挥河流给社会提供的服务价值等。这些消极影响严重困扰着我国在21世纪的可持续发展。

现在，我国有一些人士和媒体也与国际上反坝呼声跟进，以反坝为时髦，宣传这几年美国已经拆除了多座水坝，并反对建坝。关于水电是否为可再生的清洁能源，联合国有关文件和我国政府都有明确态度。我国长江三峡工程开发总公司的林初学先生对美国的拆坝问题做了详细的调查研究，在《中国水利》2004年第4期中，也刊有许多资料可以说明上述观点。但必须清醒地认识到："反坝主义"者的观点并不是完全没有可借鉴之处，相反，许多地方值得人们深思。

（1）对于已失去基本功能，或因经济、安全原因不宜再运行的小坝、老坝，要有计划地废弃、拆除或加固、改建和新建。而目前运行良好的大坝则必须做好维护工作，使其真正能够"利在千秋"，直到其功能可以被其他措施代替。

（2）必须认真研究和评估建坝的利弊得失，在规划、设计、施工、运行中要特别重视保护自然和生态环境，要认真解决好移民问题，听取移民的意见，使移民在建坝中得益而不是受害。要把建坝的负面影响减免到最低程度。

（3）必须做好统筹规划和认真审查，建那些应该建、必须建、可以建的坝，不是越多、越高、越大越好，不要在重大问题未落实前草率上马，不要使子孙为我们做出的错误抉择而感到遗憾。

1.4　病险坝拆除存在的主要问题

水利是国家经济的基础，它在我国社会和经济的可持续发展中具有十分重要的地位。新中国成立60多年来，党和国家高度重视水利建设，兴建了大量的水利基础设施，发挥了显著的效益，为保障经济建设和社会稳定做出了巨大贡献。

但是，我国大部分河流及水库大坝兴建于20世纪50—70年代，受当时条件限制，许多工程先天不足，随着工程的逐年老化，加上管理落后，致使许多大坝成为病坝，给下游人民群众生命财产及城镇、交通干线和工矿企业等设施的安全构成严重威胁，严重制约着社会与经济发展。一旦溃坝，将造成毁灭性灾害，给国家和人民生命财产造成巨大损失，我国已经有多起这种惨痛的经验教训。因此，水库大坝安全已成为我国新时期水利建设亟待解决的公共安全问题。

1.4.1　我国水库大坝可持续发展与安全管理中的新问题[12]

1. 存在大量病险坝

（1）小型水库大坝的安全是我国大坝安全管理中的薄弱环节。我国是世界上建坝第一大国，现有水库近8.6万座，其中大型水库445座，中型水库2782座，小型水库8.2万余座（图1.1）。1999年《全国病险库除险加固专项规划》调查显示，全国有3万多座病险库，被列入近期除险加固的1364座主要是大中型水库，另外有2万多座小型水库需要除险加固。我国小型水库大多建于20世纪50—70年代，工程标准偏低、质量较差，加之工程管理与运行维护费用缺乏正常渠道投入，安全问题十分突出，每年汛期小型水库出险、溃坝事故时有发生。

（2）小型水库垮坝是水库安全度汛中的焦点问题。在2003年防汛会议上，水利部汪恕诚部长谈到了我国近12年来水库垮坝的情况，"1991年以来，全国共发生235座水库垮坝事件。从垮坝原因看，147座是因发生超标准洪水导致水库漫坝失事（63%）；71座是因工程质量差、抢险不力造成垮坝失事（30%）；其他7%的垮坝主要是管理不到位、措施不得力造成的。从垮坝水库的规模看，小型水库233座（99%），中型水库2座。以上分析表明（图1.2），当前水库存在的主要问题恰恰是水库垮坝的主要原因，小型水库恰恰是水库安全度汛工作的薄弱环节"。

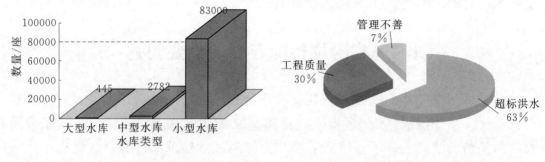

图 1.1 我国水库数量分布图   图 1.2 我国垮坝原因分布图

（3）小型水库大坝管理水平与除险加固技术落后。我国垮坝与大坝安全的重点是土石坝。我国小型水库的安全问题主要反映在以下方面：

1）面广量大。尽管 20 世纪 80—90 年代以来陆续进行了各种形式的小型水库的除险加固工作，但由于管理体制和资金的制约，对险情缺乏深入的了解或限于局部抢险，往往只是治标不治本，难以彻底清除隐患。目前全国待除险加固的小型水库还有数万座，数量巨大，不是在短期内能得到彻底解决的。

2）同一水库多种病险问题同时存在。如防洪能力不足、大坝渗漏严重、大坝形体单薄、结构不满足安全要求、泄水建筑物存在严重隐患、大坝或建筑物不满足抗震稳定要求、白蚁危害、金属结构不能可靠安全运行、防汛交通与通信设施不具备等。

3）技术力量薄弱，安全管理水平低。小（1）型水库虽设专人管理，但少有专业技术人员，小（2）型水库没有专人管理，甚至无人管理。

4）经济基础差，难以进入良性循环。水库管理经费奇缺，很多水库长期处于带病和限制运行状态，大部分小型水库从未进行过维修养护，一般只有在出现严重险情时才能得到应急治理，但远不能根除隐患。

2. 缺乏修复加固的评估办法

从除险加固技术来讲，国内在处理大中型病险库问题上积累了许多经验，但由于小型水库问题更加复杂，多种病险问题同时存在，在大中型水库中取得的经验不能照搬套用，许多小型水库大坝在建设时各种技术资料就不完整，甚至根本无技术资料档案，给除险加固带来很大的困难。据统计，从加固处理费用看，一座小（1）型水库加固经费大约在 100 万元，小（2）型水库约 25 万元。我国目前有 2 万余座小型水库急待加固，如果全部实施，则所需经费在数十亿元以至上百亿元，这是一笔十分可观的费用。对这些问题亟待认真研究分析。

更重要的是，目前许多水库大坝的修复整治主要围绕安全而言，并未对大坝实际的经济效益和生态效益进行详细的评估。说直接一点，修坝的钱国家掏，但修建完毕不能给国家带来应有的效益，这么一来，国家每年投入几十亿元乃至上百亿元无法回报，这笔损失不能不考虑，因此没有一套切实可行的修复加固评估办法来指导病险库大坝修复加固的必要性和可行性。

3.病险坝概念太窄

针对病险库存在的问题，我国于1991年颁布的《水库大坝安全管理条例》中要求对病险库进行分类、采取除险加固措施、或废弃重建；在险坝加固前应采取保坝的应急措施，或改变原设计运行方式；制定险坝加固措施；对险坝可能产生的垮坝及淹没范围进行预估，制定应急方案等。水利部2003年7月1日起实施的《水库降等与报废管理办法（试行）》（简称《办法》）中规定对降等与报废的水库大坝必须进行严格的论证和审批，并分别给出了符合降等或报废的条件。《办法》规定水库降等论证报告内容应当包括水库的原设计及施工简况、运行现状、运用效益、洪水复核、大坝质量评价、降等理由及依据、实施方案。水库报废即水库退役，如对水库实施报废（退役）的管理措施，除应进行降等论证报告中具有相同内容的工作外，《办法》特别要求论证报告内容则应包括报废理由及依据、风险评估、环境影响及实施方案。《办法》是我国水库大坝安全管理的一个延续和深化的阶段，是一种科学对待病险库的管理态度。但是，《办法》中谈及的病险库主要围绕安全问题展开，并未深入涉及生态、经济等方面原因，也未提出一整套行之有效评价体系，因此《办法》中提出的一些观点和方法过于狭窄。

我国目前许多水库大坝（多数为小型水库及大坝）的服役期已达到50～60年[12]，对于已存在的病险库问题和将来还会出现新的病险库问题，今后更多的是如何寻求和解决这些水库大坝安全管理和除险加固的办法，包括部分病险水库大坝的降等使用、报废（退役）评价和具体实施。因此应借鉴国外的经验，结合我国的国情，对大坝老化和寿命以及安全问题开展研究，考虑我国应该如何面对存在安全隐患、已丧失原有功能的水库大坝的退役出路问题；或从流域的整体开发规划出发，对部分水库大坝功能调整后的出路，以及新的河流环境生态平衡等问题开展研究。水库大坝老化安全风险以及退役评价是一项非常复杂的工作，包括技术、经济、社会等诸多方面的因素，因此应该及早立项开展研究，探索出适应于我国国情的、科学的对策与相应的技术措施。类似人类和动植物一样，水库大坝也有生老病死这样一个过程，应得到科学有效的管理，从而构成一个水库大坝"规划设计—建设与运行管理—除险加固—降等或报废（退役）"全过程的管理体系。

　　水库降等与报废（退役）在我国是一个新生事物，目前国内还未进行这方面的专门研究，同时也没有与之配套的、可操作的实施细则，在开展生态环境与社会经济定量的评价指标体系与评估模型的研究方面也未起步。这正是我国未来水坝（库）可持续发展与管理的关键所在。

　　如果对水库采取报废（退役）的处理方式，有 3 个方面的问题要特别给予关注与研究：一是要加强对报废水库的管理，如果管理不当，废弃的水库有可能成为新的致灾因素；二是要考虑水库周边已建立起来的生态环境因水库报废而发生变化，需要在一个相当长的时间内建立起一个新的平衡发展计划，防止大坝退役对水库周边的生态环境带来的不利影响；三是因水库报废而产生的对水库上下游及周边社会经济发展的影响。修建水库大坝是为了兴利除害，而废弃不安全的、丧失功能的水库也同样应达到兴利除害的目的。

1.4.2　国外大坝拆除存在的问题

　　因各国的水利工程在各自国民经济中的地位不同[12]，因此不能用统一的拆除方案，必须要有科学、灵活的决策方法和理论。目前国外许多国家除美国外，在大坝拆除方面都未作系统科学的研究，在多数情况下，主要片面根据生态需求以及经济因素、安全因素等来考虑和评价大坝，没有建立一套切实可行的综合理论框架。而美国土木工程学会及能源部水力发电专业委员会制定的《大坝及水电设施退役导则》（以下简称《导则》）是目前世界上内容最丰富、理论最新、研究内容最广泛的一部指导大坝拆除的专著，许多国家也逐渐以此《导则》作为本国大坝拆除的一个范本。该《导则》编制的目的很明确：①明确大坝退役评价所需要的数据；②拆坝所要开展的工程、环境和经济评价的方法；③比较大坝退役的具体技术方案和评估退役坝的投资与效益。

　　大坝拆除所要解决的一个最关键的问题就是如何进行经济评价[83]。《导则》推荐采用两种评价方法来评价经济和无形价值的问题。首先采用国家环境法（NEPA），其次用分析模型（AHP）进行分析。NEPA 的评价可以考虑股东的参与，所有的利益相关者都可以参与，各种影响因素都可以考虑。同时，NEPA 法还可以考虑该工程与早期介入的股东之间的关系，并由此确定该工程对环境和经济的影响关系。AHP 数学模型采用通用的模式可以对不相关的受益者和其价值进行分析比较。NEPA 分析包括环境评价（EA）或环境影响评价（EIS），究竟用那种方法将取决于问题的复杂性。AHP 从不确定性方面对方案进行比较和分析，也是风险分析最基本的方法之一。通过 AHP 的分析来确定每一个方案的不同结果以及存在的不确定性因素。决策者和股东们更感兴趣的是今后会发生什么事情以及结果如何。但是，两种分析模型具有明显的缺点：NEPA 法尽管可以从定性角度分析不同利益方与大坝拆除间的关系，但是该方法在评价前的准备工作量十分巨大，需要长期调查取证，例如需要收集与水坝直接相关的人群信息、当地工农业情况、环境因素、电站效益，除此之外，还需调查与水坝间接相关的人群、机构因修建大坝和拆除大坝后每年收益与损失。调查的各种因素中，许多是无形资产，无法用统一经济货币方式计算，可见，这是十分困难且受不确定性因素影响很大的一种评价方法，往往计算的结果不一定就准。从各种文献来看，几乎没有人采用该方法来进行大坝拆除评价。结合经济学理论并从 NEPA 法派生而来，由波德曼（Boardman）等人（1996）提出来的一种新计算方法——成本效益法 CBA（Cost - benefit analysis）在美国许多大坝拆除中得到应用推广[13]。CBA 法是一种行之有效的方法来开展大坝拆除的预可行性研究（Whitelaw and Macmullan，2002；Johansson，2003）。兰辛（Lansing，1998）和怀特（White，2000）分别采用 CBA 法对美国斯内克河（Snake River）上的大坝和泰国的帕蒙（Pak Mun）大坝进行了拆除经济评估，取得了一定效果。但是，CBA 法与 NEPA 法类似，很难统计评估与大坝拆除相关的环境与社会成本，因为社会与环境受大坝拆除影响的复杂性阻碍了准确数据的获取，本质上说，大坝效益在某种程度上是容易计算且较准确，而每年大坝带来的损失是模糊随机的，而 NEPA 法和 CBA 法在解决问题时，认为效益和损失是可以人为确定的，这显然与实际不符。而 AHP 法只能从定性角度和宏观上确定某一大坝拆除是否合理，却无法从定量的角度根据水坝现行的各项安全指标、社会经济指标、生态指标来确定它是否该保留，还是部分拆除或者完全拆除。另外，在计算中，权重的确定具有主观性，一旦权重变化，计算的偏向性显而易见，因此存在较大问题，同时，AHP 法无法揭露各影响因素间的内在经济联系，因此在大坝拆除决策中目前用得较少。许多专家认为，现行的多种评价方法多以定性为主、定量分析较少，即使是定量分析的代表方法 CBA 法，其实际可操作性差、精度不高，需要新的评价方法来进一步研究大坝拆除。

已有的拆坝经验表明，拆坝可能是消除大坝对河流生态系统负面影响的最直接有效的方法，大坝拆除有多种选择方案。当大坝不满足合理的经济、环境、功用和安全标准时，就要考虑并实施大坝拆除；反之则暂缓拆除；或者因为工程效益太大，诸如提供生命保障和防洪等，根本不考虑拆除。

拆坝是环境管理和水利工程学科中的一个重要课题。在资源有限的情况下，人们需要决定哪些坝应该被拆除，怎样拆除。拆坝的基本理论尚不成熟，拆坝后的影响很难正确预测。大坝的管理机构缺少拆坝的共同目的，因此，需要深入研究，提出合理的决策方法。

1.5 本书研究的目的及意义

1.5.1 研究目的

目前大坝拆除在我国是一个全新的概念和事物，没有专门的机构和个人从事本方向的研究，而我国十分严峻的病险坝形势使得我们不得不进行大坝除险加固乃至拆除评价研究。尽管国外尤其美国在大坝拆除方面做了大量工作，但是因每座大坝所处的地理环境及功用等特性不同，因此无法采用统一的方法和指导原则进行大坝拆除。我国大坝与国外大坝在许多方面如功用、管理、所有权等差别很大，因而国外的大坝拆除方法不一定适合我国的具体情况。因此亟须采用新的决策方法和理论来指导我国大坝拆除，新的方法不仅理论要正确，而且可操作性强，能兼顾各方面的利益，避免因拆坝引起不必要的社会、经济损失，促进社会和谐发展。目前，我国病坝数量庞大，这些坝多修建于 20 世纪 50—60 年代，因当时缺少技术、资金等问题，许多大坝始终带病工作几十年；尽管我国每年投入大量的人力、物力、财力进行大坝修复，但是这些病坝的效益却始终不明显；再者我国政府颁布了水库降等和报废管理办法，但是这些管理办法主要是针对大坝本身的安全问题，并未涉及大坝经济、生态等其他重要问题，即目前病坝的含义过于狭窄；最后，大坝拆除在我国是一个新生事物，没有形成较为成熟的一套研究体系。

无论基于什么原因考虑进行大坝拆除，首要的问题就是弄清楚要进行大坝安全评价和考虑退役的原因以及什么样的大坝将会被退役等一系列问题，找到一条科学合理的评价大坝经济寿命的方法，而不是片面、武断地反对一切大坝修建。本书以国外拆坝特别是美国大坝拆除研究理论和实践作为基础，将大坝安全性、经济性、生态性及社会性等指标有机结合起来，重新界定并提出新的病坝概念，使病坝概念突破传统的安全性约束，主要从经济角度、生态角度、工程角度和社会角度合理提出病坝退役决策方法并给出退役判断模型的定量计算框架，使决策方法与判断模型适用性、可操作性更强。修建大坝的目的是兴利除害，而本书研究的另外一个目的就是在评估大坝退役过程中和拆除后，通过科学方法，同样能达到趋利避害目的。

1.5.2 研究的意义

本书研究的成果不仅有利于我国今后合理评价水坝的安全和经济效益，而且有利于促进我国更多的学者和专家系统、科学地研究拆坝理论和技术，提高老坝、病坝、险坝研究水平，指导病险坝、老坝的退役和修复，使大坝给经济发展和社会进步造福。具体意义如下：

（1）大坝退役是一个全新的理念，通过本书的研究，使国内更多的专家学者认识到在修建大坝的同时在某种程度上破坏了河流生态系统，同时让更多的人了解什么是大坝退役、为什么存在大坝退役、大坝退役的意义是什么等一系列问题。

（2）在引进吸收国外现有的拆坝理论和技术的同时，使国内大坝退役研究有所起步和发展。大坝退役研究的目的并不是盲目地否定大坝的重要性、盲目地反对兴修水利工程，而是科学地分析评价那些已经无法正常工作而又严重影响经济发展、生态健康、社会安全等因素的病坝、险坝、老坝，通过研究，能更科学地管理和研究水坝。

参 考 文 献

［1］ P. 麦卡利. 大坝经济学［M］. 修订版. 北京：中国发展出版社，2001.

［2］ 贾金生. 世界水电开发情况及对我国水电发展的认识［J］. 中国水利，2004.13：10－12.

［3］ The Heinz Center. Dam Removal Science and Decision Making［R］. H. John Heinz III Center for Science，Economics and Environment，2002.

［4］ 林初学. 水坝工程建设争议的哲学思辩［J］. 中国三峡建设，2006（6）：11－15.

［5］ 林初学. 美国反坝运动及拆坝情况的考察和思考［J］. 中国三峡建设，2006（6，Z1）：44－57.

［6］ 范晓，易水. 反水坝运动在世界. http：//post. baidu. com/f？kz＝130509615.

［7］ 范晓，易水. 释放被混凝土囚禁的河流. http：//www. grchina. org/GBIbbs/archiver/？tid－6252. html.

［8］ American Rivers and Trout Unlimited. Exploring Dam Removal［R］. August 2002，American Rivers and Trout Unlimited.

［9］ American Rivers & International Rivers Network. Beyond Dams－Options and Alternatives［R］. American Rivers & International Rivers Network，2004.

［10］ 贾金生. 美国大坝管理中的焦点问题［J］. 中国水利，2004，13：21－45.

［11］ 潘家铮. 建坝还是拆坝［J］. 中国水利，2004，23：26－26.

［12］ 郭军. 美国退役坝的管理与我国水库大坝安全管理面对的新问题. http：//www. chndaqi. com/news/28033. html，2004年6月1日.

［13］ Hanemann，Michael W. Valuing the Environment Through Contingent Valuation［J］. Journal of Economic Perspectives. 1994，Volume 8（4）：19－43.

［14］ 刘宁，21世纪中国水坝安全管理、退役与建设的若干问题［J］. 中国水利，2004（23）：27－30.

第 2 章

大坝降等退役现状分析

2.1 大坝降等退役现状

西方反坝运动由来已久，但在早期主要是以自然保护区为理由[1]。到了20世纪60—70年代，西方国家工业化和城市化带来的环境污染日益严重，政府和民众开始意识到环境污染公害是对人类生存的最严重威胁。1962年，美国人蕾切尔·卡逊女士发表《寂静的春天》一书，其思想通过现代媒体广为流传。它所播下的种子深深植根于广大的民众中，促使人们重新思考人类与自然的关系。这本书尤其对知识分子有着很深的影响，也是当今美国政界、知识界、科学界许多领袖人物儿时的绿色启蒙读物。人们反思工业化的各种产物对自然环境正面和负面的影响，联邦和各州围绕环境保护制定颁布了一系列绿色立法，从土地、野生动植物、鱼类、濒危物种、洁净水，到文物、大坝安全等，设立了更严格的环保标准。自此以来，西方发达国家对工业化、城市化的环境污染治理取得了可观的成效，但自然环境的完全恢复尚需更多时日，特别是温室效应等问题还很严峻，有待寻求良策予以解决。

在这样的大背景下，大坝是与非的讨论议题被提出。反坝者集合起更多的同盟军，对大坝水库的生态负面效应进行抨击[2-3]。各级政府对涉及大型水坝和水库的工程审查愈加审慎。同时，建坝者和管坝者也在按照环保法规的要求，研究大坝和水库在规划、设计、建造、运行中的对自然河流生态环境的种种负面影响，以及应该如何克服或者降低这些影响。如美国垦务局的科研中心曾就生态指标检测系统、科学设置鱼道、修正放水规程、调节泄流水温、保护濒危珍稀鱼类、监控有害水生物种、养护恢复湿地等生态题目进行研究，并在其管理的大坝水库中运用了一些成果。与此同时，其他发达国家也积极响应美国的治河政策和理念，把水电开发与环境保护、环境评估密切联系起来。在过去的几十年中[4-5]，许多已建的大坝因为无法满足相应的环保评价指标，被逐一拆除，拆坝数量最多的国家是美国，其次加拿大，然后就是欧洲一些国家。

2.1.1 美国大坝拆除现状

美国现有坝高 30m 以上的大型水坝 6575 座，仅次于我国，居世界第二。其科罗拉多河上的胡佛大坝开了世界大型水坝之先河。而现在，美国也是走在拆坝运动最前列的国家，不仅拆坝的数量最多，而且在拆坝产生的影响以及拆坝的技术等方面的研究也居于领先地位。

美国垦务局早在 1994 年就宣称："美国的水库时代已经结束了！"而实际上从更早的 20 世纪 60 年代以来，联邦政府已经就限制大坝建设，并在大坝老化工程的维修和退役上制定了一系列的环保法规。这些法规对大坝的建设和运行提出了严格的环境限制，并对原许可证已到期的水电工程进行严格审查，责令其中的部分水电站退役，并由业主出资拆除大坝。

在美国[6-9]，一些大坝运行几十年或上百年后，其经济效益日益衰退，工程的运行成本及维修费用不断上升，致使工程的运行难以为继，而且由于水坝结构的老化，其安全风险也日益增加。仅据 1994 年的一次勘察就发现，至少有 1000 个非联邦政府的水坝不安全。国家水坝安全协会的官员估计，美国大约 30% 的水坝达到了使用年限，而且美国水坝的平均寿命是 40 年左右 [据帕特里克·麦卡利《大坝退役》（《dam decommissioning》）]。

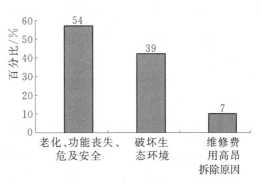

图 2.1 美国大坝拆除原因百分比图

在早期[10-13]，运行的经济性是拆除水坝的主要原因，而随着时间的推移，有更多的水坝因破坏沿岸的鱼群洄游，改变沿岸的野生动物栖息地，并影响流域生态环境而受到批评并被要求拆除，拆坝运动者对拆坝以后生态环境的恢复也十分关注，许多学者目前一直致力于大坝拆除后河流生态系统的恢复研究，并取得了许多有益的成果。美国大坝拆除原因百分比如图 2.1 所示。

美国大坝拆除历史分为以下 5 个阶段[14-16]：

（1）19 世纪末期至 20 世纪 20 年代。这个时期美国的大坝主要是以建设中低坝为主（坝高 100m 以下），其目的是满足日益发展的乡村和城镇工农业发展及居民供水，而大坝拆除数量极少。位于密歇根州磨峡谷（Mill Cangon）地带休伦河（Huron River）上的磨塘坝（Mill Pond Dam），由塞缪尔·德克斯特（Samuel Dexter）（德克斯特镇的创始人）于 1824 年修建，其最初的目的是为德克斯特镇居民供水和当地面粉加工厂提供动力能源。该坝高 8ft（约

2.6m），长 420ft（约 140m），拦蓄水库面积达 370km² 。随着工业化进程的推进，到了 1902 年，亨利·福特（Henry Ford）——一个闻名世界的汽车制造商为了扩大企业规模，在距离磨塘坝上游不远处修建了一座更新、更高的钢筋混凝土水坝。因此磨塘坝在该河流上已经毫无价值，于是在 1903 年被拆毁。在随后的几年中，休伦河上的另外几座大坝［米尔福德大坝（Milford Dam）、南坝（Argo Dam）、坪石坝（Flat Rock Dam）、布赖顿坝（Brighton Dam）］也被相继拆除，标志着美国大坝拆除的真正开始。

（2）20 世纪 20—60 年代。美国高坝、巨坝修建的黄金时期，一大批 100m 及 100m 以上的大坝相继修建（如胡佛坝），而大坝拆除则走进了低谷阶段，尽管 40—60 年代也有一定数量水坝（17 座水坝）被拆除，但与建坝相比，在水利界毫无影响，未得到公众和政府的注意。其主要原因是，经过两次世界大战，美国经济需要新的发展机遇，能源需求不断攀升，导致电站修建规模和数量急剧增长。这个时期大坝拆除围绕的主题是老坝和无法发挥正常经济效益的大坝，而环境议题未形成气候。

（3）20 世纪 60—80 年代。在这个时期产生了大坝拆除运动的第一次高潮。随着大坝和其他配套设施的老化，水电工程的维修和退役已引起各方面重视。环境保护、大坝安全和社会经济一直影响着水电设施的评价。自 20 世纪 60 年代以来，随着联邦政府一系列环保法规的颁布，对大坝的建设和运行提出了严格的环境限制，并对原许可证已到期的水电工程进行严格审查，责令其中的部分水电站退役，并由业主出资拆除大坝。基于上述原因，许多老坝、病坝无法得到新的许可证，只好依照相关法律文件和程序被迫退役或拆除，到 1980 年为止，共计 228 座（有据可查的一共 128 座）。这一阶段大坝拆除主要受到环境保护组织以及相关人士的大力鼓吹，出现了环境问题决定一切的言论，认为只要修建大坝，就会造成巨大环境破坏，从根本上否定大坝的效益。

（4）20 世纪 80 年代至 20 世纪末。在这个时期产生了美国第二次拆坝高潮。在过去的 25 年里，美国设计和建造的新坝数量大幅度减少（全世界过去十年里修建的水坝减少了一半），政府机构已将其工作重点从大坝建设转向水资源管理和环境保护。1980—2000 年，一共有 219 座大坝被拆除。尽管所拆大坝中绝大多数坝高在 3m 以下，但是这一时期拆除坝高在 15m 以上的事例也时有发生。位于华盛顿州埃尔瓦河（Elwha River）上的埃尔瓦水坝和格莱斯恩山谷水坝，分别高 30m 和 70m，建于 20 世纪 20 年代，曾几乎毁灭了埃尔瓦河的硬头鳟鱼和鲑鱼的渔业，而当地的斯克拉姆部落早在 1855 年就经政府批准获得"永久"享用渔业的权利。当水坝的联邦能源委员会牌照在 20 世纪 70 年代末到期时, 斯克拉拉姆部落和环保人士便发起了拆坝运动。1992 年, 国会终于指示内政部门进行 "完全恢复埃尔瓦河的生态系统和本地洄游性鱼类捕鱼业" 的计划, 其中包括拆除水坝和处理水坝堆积的 1150 万 m³ 的沉积物。1995 年, 埃尔瓦水坝和格莱斯恩山谷水坝相继被拆除, 格莱斯恩山谷水坝是美国目前有据可查的被拆最高混凝土坝。这一时期大坝拆除在吸取以往经验的基础上, 更客观、公正、合理地面对大坝拆除相关的理论和技术, 而这一时期也是美国大坝拆除理论和技术快速发展的时期, 许多经济学理论被用于大坝拆除、许多新的水体试验方法和探讨泥沙运动规律的数学模型被创造出来, 极大地推动了大坝拆除理论的发展。

(5) 21 世纪。拆坝的一个重要里程碑发生在 2001 年 10 月, 威斯康星州的巴拉博河 (Baraboo) 上的一系列水坝被拆除, 长 115km 的河流被还以原状。这是美国历史上使河流重新恢复自由流淌的最长的一段河段, 标志着 21 世纪美国拆坝理念质的飞跃, 即在梯级开发河流上要想使河流完全恢复自然流态, 唯一可行的方式就是拆除河流上所有的水坝, 而不是像以往孤立地进行, 同时必须进行认真的评估研究。又例如, 威斯康星州草原河 (the Prairie River) 上的沃德佩柏水坝被拆除后, 被囚禁了近 100 年的草原河终于开始恢复天然流径。当地居民纷纷打电话给水坝的所有者, 表达他们看到河流新景观以及环境的恢复以后的喜悦之情。2007 年 7 月, 华盛顿州生态部门发布了环境影响声明报告 (EIS) 最终版, 根据这份报告, 拆除康迪特坝并恢复怀特萨蒙河河水的自由流动状态对大马哈鱼、鳟鱼以及整个河流的生态环境大有好处, 规定大坝的拆除工作应于 2008 年完成, 拆除康迪特大坝会使大马哈鱼和鳟鱼在怀特萨蒙河中分别获得 24.6km 和 52.1km 清凉、洁净、优质的栖息地。鱼类将在大坝拆除后一年得到河流上游的栖息场所, 专家预期大坝拆除两年后鱼类将获得河流下游 1.8km 的产卵地。大马哈鱼将会再度成为像鱼鹰和秃鹰这样的野生动物的营养丰富的食物来源。

截至 2004 年[17-19], 美国拆除了 578 座水坝, 但在 20 世纪初只拆除过极少数小坝。自 1980 年开始[20], 拆坝数量和被拆坝的高度都有所增加, 1980 年以来已拆除水坝 350 座, 仅 1995—2000 年就拆除了 140 座, 而 1999—2003 年几年间一共有 169 座水坝被拆除 (表 2.1), 其中 1999 年拆除 19 座大坝, 2000 年拆除 6 座, 2001 年拆除 23 座, 2002 年拆除 63 座, 2003 年拆除 58 座, 可以看出每年拆坝的数量呈上升趋势, 尤其是 2002 年和 2003 年的拆坝数量较 1999—2001 年有较大幅度的增长, 可见拆坝有愈演愈烈的势头。1995—2004 年, 进行退役评价和被拆除水坝的数量一直在稳步增长。据日本国土交通省河川局的报告, 美国已经拆除的水坝中坝高有据可查的有 478 座〔其中混凝土坝占 47%，土坝 32%，木（栅）栏坝 17%，其他 4%；因老化破损、功能丧失、危及安全的占 54%，因破坏生态系统的占 39%，维修费用昂贵的占 7%]（图2.1~图2.5）。在这 478 座坝中，坝高低于 5m 的有 308 座，5~10m 之间的有109 座，10~15m 的有 35 座，15~20m 的有 17 座，20~40m 的有 6 座，40~50m 的只有 2 座，50m 以上 1 座，而每座所拆大坝的平均费用为 149 万美元。由此可以看出，美国所拆的坝仍以中、小型坝为主，安全性、经济性、生态价值等因素是美国大坝拆除的首选因素。一方面是因为这些坝修建的年代较久，另一方面拆坝的负面影响及其对策还处在探索阶段，先期以拆中、小坝为主，也有助于为拆大坝积累更多的经验。

表 2.1　　　　　美国拆坝统计表（1999—2003 年共 169 座）

编号	坝名	河流	州	坝型	坝高/ft	坝长/ft	建成年份	开发目标	拆除原因
1	A - Frame	Brandy creek	CA	土坝	30	180	1950	娱乐	病险库，有垮坝危险，可恢复天然河道
2	Hapress Pond	Hapress Pond	CA	土坝	20			蓄水	恢复天然水文条件和鱼产卵场所
3	Cascade Dversion	Merred R	CA	木栅坝	18	184	1916	供能	1986 年丧失功能维修费高，恢复天然情况
4	无名坝	Murhpy Creek	CA	土坝	12			牧场水池	恢复原状、鱼道
5	Mumford	Russian R	CA			60			保留 7ft 的护坦，鱼道畅通，拆后监测五年
6	East Panther Creek	East Panther Creek	CA					供电 20万户	先拆部分慢慢释放泥沙，剩余部分 2008 年拆
7	West Panther Creek	West Panther Creek	CA		16		1930	供电 20万户	泥沙淤积，已有新的供电协议
8	York Creek Diversion Stru	York Creek	CA	浆砌石				供水	改建成透水的通道、鱼道
9	无名坝		DC		2~4				已废弃，一个大的环境恢复项目
10	YWCA	Brewster Creek	IL					水上运动	泥沙淤积、病险库，维修费高
11	Hoffman	Des Plaines R	IL	混凝土	8	250		娱乐	保障公共安全，改善水质、过鱼

编号	坝名	河流	州	坝型	坝高/ft	坝长/ft	建成年份	开发目标	拆除原因
12	Fairbanks Road	Des Plaines R	IL	混凝土	2	158			已部分垮塌，保障公共安全，改善水质、过鱼
13	Armitage Avenue	Des Plaines R	IL	混凝土	5	115			保障公共安全，改善水质、过鱼
14	South Batavia	Fox R	IL		7	700	1916		部分坝体破坏，消除安全隐患
15	Mill Pond	Third Herring Brook	MA	混凝土	9	320		供电	完全垮塌，已废弃
16	Silk Mill	Yokun Brook	MA	混凝土	15			供电	一项大的恢复Yokun河河道工程的一部分
17	Bishopville Pond	St Martin R	MD	板桩坝	4				交通部门拥有，恢复生态、鱼类
18	Sturgeon R	Sturgeon R	MI		45			发电	4～5年内分3次拆除，减少泥沙
19	Tannery Creek	Tannery Creek	MI						拆后水温降低以利鱼的生存、鱼道
20	Bearcamp R	Bearcamp R	NH	混凝土	20	231			病险库、系列工程的一部分，恢复鱼道
21	Bellamy R	Bellamy R	NH	木栅坝	4	90			恢复自然河道
22	Frog Pond	Tannery Brook	NH	土坝	15	200		水上娱乐	恢复湿地
23	West Henniker	Contoocook R	NH	混凝土	18	137		工厂供水	工厂1980年关闭，当地严重污染
24	Harry Pursed	Lopatcong Creek	NJ		15		1925	工厂供水	1945年工厂关闭，失去功能
25	Guddebackvill	Neversink R	NY		5			发电引水	恢复河道
26	Grinnel Road	Little Miami R	OH	土坝	7	80			病险库，恢复河道
27	St. John's	Sandusky R	OH	混凝土	7	150			维修费高，改善水质
28	无名坝	Ottawa R	OH		5	50			
29	West Milton	Stillwater R	OH					城市供水	另寻水源，保护周边环境

编号	坝名	河流	州	坝型	坝高/ft	坝长/ft	建成年份	开发目标	拆除原因
30	Buck & Jones Diversion	Little Applegate R	OR	混凝土	5	100		供水	鱼道
31	Dinner Creek	Dinner Creek	OR	混凝土	10	35	1925	城市供水	泥沙淤积，恢复河道
32	无名坝	Wagner Creek	OR	混凝土	4			城市供水	鱼道
33	Black	Conodoguinet Creek	PA	混凝土	10	350			已废弃，恢复鱼道
34	Charming Forge	Tuplehocken Creek	PA	木栅坝	8	150	1870		
35	Collegevill Mill	Perkimen Creek	PA	混凝土	6	250	1908	供水	已废弃，病险库
36	Creider	Chickes Creek	PA	混凝土	7	100			恢复河道
37	Daniel Esh	Mill Creek	PA		2			教会供水	滑冰、供水
38	Detter's Mill	Conewago Creek	PA	石坝	7	250			病险库，维修费高，恢复鱼道
39	Irving Mill	Ridley Creek	PA		12	100			废坝，拆后利于鱼的生长
40	无名坝	Wyomissing Creek	PA	混凝土	2	50			鱼道
41	无名坝	Wyomissing Creek	PA	混凝土	5	70			鱼道
42	Mcgaheysville	South Branch Shenandoah R	VA				1920	供电	1958 年破坏，保护鱼类
43	无名坝	Connecticut Branch	VT	土坝	18				垮坝
44	Johnson State College	Lamoille Branch	VT	土坝	30			美观	溢洪道破坏，维修费高
45	无名坝	Icicle Creek	WA		8		1930		废弃、鱼道
46	无名坝	Icicle Creek	WA		10		1930		废弃、鱼道
47	无名坝	Icicle Creek	WA		10		1930		废弃、鱼道
48	Athens	Potato Creek	WI	混凝土	10				病险库需维修，影响周边建筑

编号	坝名	河流	州	坝型	坝高/ft	坝长/ft	建成年份	开发目标	拆除原因
49	Ball Park	Maunesha R	WI		3	12			维修费高
50	无名坝	Boulder Creek	WI	木栏水泥坝					废弃
51	无名坝	Boulder Creek	WI	木栏水泥坝					降低水温促进鱼的生长
52	Clark's Mill	Magdantz Creek	WI	土坝	7	166			维修费高,恢复鱼道
53	Manchester	Grand R	WI	土坝	12	250			1980年成病险库,有垮坝危险,恢复鱼道
54	Mccaslin Brook	Oconto R	WI	木栏卵石坝	8	108			病险,水温高,溶解氧低,多泥沙
55	无名坝	Branch R	WI		5	40			鱼的生存
56	Wubeka	Millwaukee R	WI		10	222			病险库、维修费高、恢复鱼道
57	White R	Fox R	WI	木栏坝	12	250			为保安全、鱼道
58	Embrey	Rappahannok	VR	木栏坝	22		1909	发电	1960年废弃,恢复鱼道
59	Davidson Ditch Diversion	Chatanika R	AK				1920	工业供水	1967年洪水严重破坏,废弃
60	Crocker Creek	Crocker Creek	CA	混凝土	30	80	1904	娱乐	已废弃多年,拆坝费46万美元
61	无名坝	Solstice Creek	CA						废弃
62	无名坝	Ferrari Creek	CA	土坝	5				在海边,恢复鱼道
63	North	Branch of LA R	CA	土坝	20			阻挡泥石流	超过寿命,老化
64	Trancas	Trancas Canyon	CA	钢木结构	15			阻挡泥石流	老化
65	无名坝	Branch of Platt R	CO						恢复河道、鱼道,恢复洪泛区
66	无名坝	Branch of Platt R	CO						恢复河道、鱼道,恢复洪泛区
67	Billington Street	Town Brook	MA	土坝			1800		寿命已200年,恢复鱼道

编号	坝名	河流	州	坝型	坝高/ft	坝长/ft	建成年份	开发目标	拆除原因
68	Polly Pond	Big Run	MD	土坝	25				已废弃、拆除
69	Main Street	Sebasticook R	ME						恢复鱼道和湿地
70	Sennebee	St George R	ME		15	240		发电	已废弃，拆除，恢复鱼道
71	Smelt Hill	Presumpscot R	ME					发电	1996 年洪水破坏，维修费高，恢复生态
72	Mill Pond	Chippewa R	MI	混凝土	15	110			病险库，恢复生态
73	Stronach	Pine R	MI	混凝土	18	350	1918	发电	保护安全
74	Winchester	Ashuelot R	NH	木栏坝	3	105			病险坝
75	Freedom Park	Little Sugar Creek	NC	混凝土	10	60	1970	美观	恢复水温
76	无名坝	Marks Creek	NC	土坝	25	400			恢复湿地
77	Gray Reservoir	Black Creek	NY	支墩坝	34	385	1906	供水	不安全，拆除 30 万美元，重建 150 万美元，不经济
78	Dennison	Olentangy R	OH					发电	恢复生态，拆除只需 1.7 万美元
79	Milan Wildlife Area	Huron R	OH	混凝土	5	100	1969		已废弃，恢复生态
80	Byrne Diversion	Beaver Creek	OR	混凝土	3			灌溉	已废弃
81	取水坝	Ashuelot R	OR	砾石坝	4			灌溉	改变引水方式
82	Rock Creek	Powder R	OR					小水电	
83	Maple Gulch Diversion	Evans Creek	OR	混凝土	13		1900		已废弃
84	Young's	Lititz Run	PA		3				
85	Afton	Bass Creek	WI						1996 年破坏，为安全、鱼及湿地
86	Grand R	Grand R	WI	混凝土	11				
87	Schweitzer	Cedar Creek	WI	木栏坝	8	30			改善水质、鱼的生存
88	Woods Creek	Woods Creek	WI		16	200		发电	保护鱼类
89	Silver Spring 上 13 座大坝	Onion R	WI	木或混凝土坝	4~8	50~200			生态恢复

续表

编号	坝名	河流	州	坝型	坝高/ft	坝长/ft	建成年份	开发目标	拆除原因
102	无名坝	Alameda Creek	CA						
103	无名坝	Alameda Creek	CA						
104	Mccoldrik	Ashuelot R	OR						保护鱼类
105	无名坝 4 座	Muddy Run	PA					农场供水	丧失功能
109	Good Hope	Conodo Creek	PA		8				消除隐患
110	Meisers Mill	Manantango Creek	PA		5	75			减少冲蚀
111	Intake	Rife Run	PA		8	50			消除隐患
112	Hammer Creek	Hammer Creek	PA		8				坝体不安全
113	无名坝 2 座	Huston Run	PA					供电	改善水质和生态
115	Goldshorough Creek	Goldshorough Creek	WA						已废弃
116	Deekskin	Deekskin R	WI						30 年无人管，维修费高，改善水质
117	Franklin	Sheboygan R	WI						维修费高于拆除费，改善水质，增加鱼道
118	Kamrath	Onion R 支流	WI		5				保护鱼类
119	La Valle	Baraboo R	Wi						地方环保部门购买后拆除
120	Linen Mill	Baraboo R	WI						拆除费低于维修费，改善水质和生态恢复
121	New Fane	Milwaukee R. 支流	WI						1950 年后无用，有利于各种野生动物
122	Orienta	Iron R	WI				1930	发电	1985 年洪水冲垮，维修费高
123	Waubeka	Milwaukee R	WI				已建150 年	供电	1961 年停止运行，险坝，恢复生态
124	Chair Factory	Milwaukee R	WI						维修费远高于拆除费，改善水质和生态
125	Mc Cormick - saeltzer	Clear Creek	CA		18	60	1907		保护鱼类

编号	坝名	河流	州	坝型	坝高/ft	坝长/ft	建成年份	开发目标	拆除原因
126	Dam & Lock	Kissemmee R	FL						恢复航道和生态
127	Old Berkshire Mill	Housatonic R	MA						保护鱼类
128	East Machias	East Machias	ME		16	150	1926	发电	病险库
129	Big Rapids	Muskegon R	MI						病险库
130	无名坝 3 座	Ashland Creek	OR						险库，洪水安全
133	Barnitz Mill	Yellow Breeches Creek	PA						公共安全
134	无名坝 4 座	Muddy Run	PA					农场供水	废弃
138	Franklin Mill	Middle Creek	PA						消除隐患
139	Hinkletown Mill	Conestoga R	PA						恢复生态，增加安全
140	Martins	Cocalico Creek	PA						恢复生态，增加安全
141	Seizville Mill	Codorus Creek 南支	PA		12	100			改善水质
142	Wild Lands Conservancy	Little Leheigh Creek	PA		5	75			拆除费低，恢复生态和鱼
143	无名坝	Manatawny Creek	PA				1850		废弃
144	2 座 Frederieksburgu Milstead	Hunting Run 支流	VA						废弃，恢复生态
146	2 座 Frederieksburgu Milstead	无名溪	VA						废弃，消除隐患
148	无名坝	Headquarters Creek	WA		5		1940	避难水源	恢复水和泥沙通道
149	Oak street	Baraboo R	WI						废弃
150	Rockdale	Koshkonong Creek	WI				1925		维修费高
151	Shopiere	Turtle Creek	WI						无人管理，维修费高
152	Anaconda	Naugatuck R	CT						恢复生态
153	Freight Street	Naugatuck R	CT						恢复生态
154	Platts Mill	Naugatuck R	CT						恢复生态

续表

编号	坝名	河流	州	坝型	坝高/ft	坝长/ft	建成年份	开发目标	拆除原因
155	Union City	Naugatuck R	CT						恢复生态
156	Colburn Mill Pond	Colburn Creek	ID				1950		保护鱼类
157	Stone Gate	Waubansee Creek	IL						旱1996年洪水破坏
158	Canaan Lake Outlet	Machaias R	ME				1800		1960年废弃
159	Brrownville	Pleasant R	ME						破坏
160	Edwards	Kennebee R	ME						
161	Hampden Recreation Area	Souadabscook Stream	ME		2				保护鱼类
162	Souadabscook Falls	Souadabscook Stream	ME					发电	废弃, 保护鱼类
163	Archer's Mill	Stetson Stream	ME				1899		鱼和生态
164	Rains Mill	Little R	NJ						改善环境
165	Pool Colony	Van Campens Brook	NJ						病险库
166	Alphonso	Evans Creek	OR				1899	灌溉	恢复生态
167	无名坝	Poorman Creek	OR						丧失功能, 遭洪水破坏
168	Ward Paper Mill	Prairie R	WI				1900		恢复生态
169	无名坝	York Creek	CA		5	70	1900		鱼道, 生态恢复

注 1ft=0.3048m。

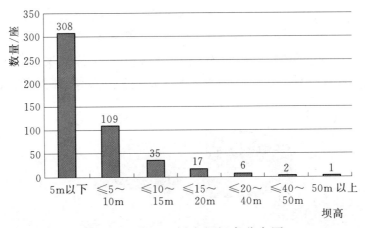

图2.2 美国已拆大坝坝高分布图

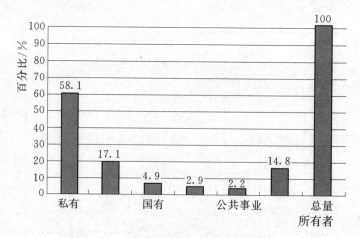

图 2.3　美国所拆大坝所有权分布图

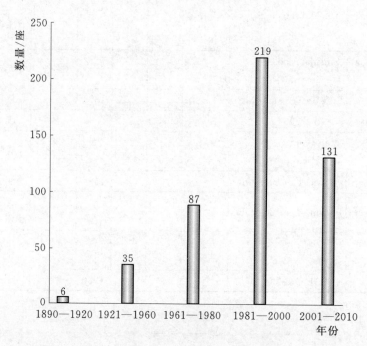

图 2.4　美国大坝拆除主要分布的年代

　　美国的许多水坝拆除后，确实在河流的生境、自然景观以及水生生物的恢复方面产生了明显的效果[21-23]。例如，宾夕法尼亚州萨斯奎汉纳（Susquehanna）

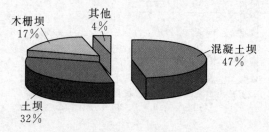

图 2.5　美国已拆大坝按材料分所占百分比

河流域的 40 多座小坝被拆除后，河流生态得到了恢复，并使鲱鱼产量大幅度上升，给该州带来每年约 3000 万美元的收入。威斯康星州的巴拉博河以珍贵的鱼类和其他水生生物资源而闻名，但曾因建造一系列水坝导致了大量鱼种的绝迹。巴拉博河上的沃特沃克斯、佛莫沃伦等水坝拆除后，恢复了对这些鱼类适宜的急流栖息地河段，生物学家已观察到一些鱼类返回的现象，在原佛莫沃伦水坝的附近，甚至又成为了人们垂钓的场所，并且因为对游客产生的吸引，给当地的城镇带来了新的发展机会，政府和有关团体已经在制定发展河滨自然公园的计划。

当然，在拆坝过程中也有反对的呼声，也发生过激烈的争论。最典型的是拆除俄勒冈州斯内克河（Snake River）上 4 座大坝[24]（艾斯哈勃坝、下莫努曼特尔坝、小哥斯坝和下格拉尼特坝）的事件。为恢复濒危的鲑鱼种群和保护环境，当地的环保组织、印地安人和渔业工人要求拆除这 4 座大坝，并得到俄勒冈州州长的支持。拆坝者对水坝所有者美国陆军工程师团（USACE）提起诉讼，称这些大坝提高了水温，增加了水中氮的含量，违反了水质标准，内兹佩尔塞部落和俄勒冈州也参加了诉讼。此举遭到依赖于斯内克河进行驳运、灌溉和发电的农民和其他人的反对，这些人由此发起了"拯救我们的大坝"的运动，并在互联网上请愿、征集签名、举行集会等。僵持不下之时，美国陆军工程师团认为，拆坝的决定必须由国会作出。

为此，国会在西北地区安排了 15 次公众听证会，听取公众对联邦 4H（即水电、栖息地、孵化场和捕捞）计划的意见。赞成拆坝者认为大坝是鲑鱼的杀手；反对拆坝者认为大坝是华盛顿州东部地区的生命线，毁掉这些坝就是挖掉了这个州的心脏。1999 年 2 月 19 日，在华盛顿举行"拯救我们的大坝"的集会上有 3000 名群众参加，并得到一些政治家的支持，爱达荷州、蒙大拿州和华盛顿州的州长一直反对拆坝。在上述听证会上，代表西北部的国会议员也反对拆坝。拆坝问题一时成了社会关注的焦点，其争论甚至影响到 2000 年的选举。1999 年 2 月 24 日，克林顿总统和国务秘书巴比特也因为斯内克河和哥伦比亚河的水坝拆除计划而受到质询。

2001 年，争论终于有了结果，美国联邦法院裁决美国陆军工程师团在斯内克河上的 4 座水坝的运行违反了《净水条例》（Clean Water Act）。波特兰地方法院责令美国陆军工程师团在 60 天内拿出方案来降低水库水温，保护河水质量，以免鲑鱼和硬鳟鱼遭受威胁和危害。在执行这一裁决中，美国陆军工程师团将花费数百万美元改造水坝及保护华盛顿州东部的濒危鲑鱼。按照该师团考虑的拆坝方案，大坝附近的土工建筑物将被拆除，大坝不再使用，使华盛顿州东部 225km 的斯内克河恢复自然流动状态，这 4 座坝成为是美国迄今拟拆除的最大水坝。

美国大坝拆除并不是盲目以追求河流生态效益而牺牲水坝经济效益为目

的[25-27]。之所以大坝拆除在美国发展得如此迅速，与美国现行的大坝管理体系密不可分。大坝不是一劳永逸的建筑物，美国对那些早期建设的坝的安全及退役问题给予了高度的关注，建立了拆坝许可证制度，并已经编写出有关导则[28-30]，用于科学地指导大坝退役的评价工作，不仅有技术方面的，还考虑了有关环境生态、社会经济方面的因素，同时更加关注坝拆除过程中的相关技术问题，重视大坝拆除过程中的安全，减少坝拆除后对周围生态环境、社会经济发展的影响，真正立足于可持续发展的目标。

2.1.2　加拿大拆坝现状

加拿大仅在不列颠哥伦比亚省就有超过 2000 座的水坝[31]，其中大约有 300 座已失去原有的功能，或只有微小的效益，但却造成很大的环境生态问题。不列颠哥伦比亚省政府 2000 年 2 月 28 日宣布拆除建成于 1956 年希尔多西亚（Theodosia）水坝，并和水坝所有者达成一项恢复这条河流生机的协议。该水坝截取了希尔多西亚河 70% 的水流进入包威尔水力发电厂。现在，河水将被重新导回希尔多西亚河。在水坝建造前，这条河曾栖息了粉红鲑鱼、大麻哈鲑和银大麻哈鲑等许多珍贵鱼种。而据 1999 年的估计显示，粉红鲑鱼的族群已完全消失，而银大麻哈鲑和大麻哈鲑仅剩数百尾至数千尾。作为多年来致力于推动拆坝的主要力量的希尔多西亚联盟，对省政府的决定作出了这样的评论："希尔多西亚水坝的拆除为未来更多大坝的拆除树立了一个先例。这是至今本省水坝拆除工程中规模最大的，这次的协议通过适应性管理来恢复河流生态的方法，对本省提供了一次进步的示范，也将对本区这条主要的鲑鱼河流的整治贡献良多。"芬利森坝是一座高 5m 的混凝土重力坝，位于阿尔贡金帕克以西的大东河上，当初兴建该坝的目的是为安大略省中北部的伐木业服务，从未打算用来防洪、发电、供水或娱乐。因而，随着该地区伐木业的衰落，芬利森坝已经显得没有任何作用了，因此，1999 年该坝被安大略省自然资源部（OMNR）列入可能退役的候选对象，于 2000 年 7 月 2 日至 9 月 15 日被拆除。而加拿大目前所拆的大坝，主要是恢复河流生态系统及大坝功能丧失为主要原因。截至 2005 年，加拿大共拆除 20 多座水坝。

2.1.3　欧洲拆坝现状

挪威电力的 99.9% 来自水电[32-33]，但现在已经立法禁建水坝。法国因水坝建设造成 5 条主要河流中鲑鱼绝迹，现在也立法禁建水坝，并开始拆坝。法国最具代表性的罗纳河是一条被充分开发的河流，河流在法国境内 552km，在河段上修建了十几座电站和水坝，为了不影响河流生态系统，法国政府在 20 世纪 90 年代终止该河流上电站使用，使这些电站和水坝退役并被拆除。瑞典能源政策规定，宁可培育柳树能源林，也不能在四大河流上发展水电站。拉脱维亚制定专门法律，为保护渔业资源、国家公园和自然景观，已取消两座水坝的建设。莱茵河流域国家也提出要让莱茵河重新自然化。欧洲各国拆坝首选的原因在于恢复河流生态系统，保护河流无形和有形的价值。

2.1.4 日本拆坝现状

在日本，随着第二次世界大战以后经济的急速成长[34]，水坝几乎遍布每一个角落。目前全日本的水库达 2734 座，除了少数流量较少的河流外，几乎找不到无坝的河流。民众长期以来也一直在进行投诉，更有人士尖锐地指出，以水利开发作为建造水库的目的，在日本早已失去其正当性，其治水方面功能也出现破绽，而今尚存的水利建设新计划，唯一存在的目的，坦白说只是为了满足产业界和官界的利益输送需求。水库开发的主要经费来自于民众所缴的税金，因此无论如何虚掷这笔钱，对于推动水库建设的行政单位与营造业者来说，根本是无关痛痒的事。

另外，日本自从 20 世纪 70 年代以来，石油危机带动产业的转型，使工业用水需求的成长陷入停顿；生活用水也因人口增长趋缓和节水型设备的推广而停止增长；此外，产业结构的变化影响到农业的形态，灌溉用水也趋减少；再加上政府沉重的财政赤字负担，这些背景都促使政府进行政策的调整。

首先是水库开发计划陆续出现终止的情形，2001 年 6 月 21 日国土交通省发表了一份关于公共事业改革的文件，提出"冻结有关大型水库工程建设计划的新的勘测项目"。据 2002 年 8 月 1 日的《朝日新闻》报道，已面临计划终止的水库有 92 座。

此外，水坝报废的计划也开始进行，其中政府对九州熊本县荒濑水库报废的决定，被称为是对"河道水泥化政策"的一次突破。2000 年 10 月新选出的长野县知事田中康夫更是一上任便下令冻结 8 座计划兴建中的水库，并于 2001 年 2 月发表"摆脱水库宣言"，从而在日本朝野造成极大震撼，由于田中此举明显抵触了以老旧势力为主的议会而被逼退，但他却在 2002 年 9 月 1 日的改选中，获得压倒性胜利，以超过对手一倍有余的票数击败由议会支持的候选人，其民意所向可见一斑。2003 年，日本熊本市市长对外宣布，位于 Kuma-gawa 河上的 Arase 水电站大坝将在 7 年后拆除。Arase 水电站 1954 年开始投入发电，其电力生产将一直持续到 2010 年 3 月 31 日。熊本市政府将向日本中央政府申请在该日期后尽早拆除大坝。原因是水电站生产的电力不足该市年用电量的 1%，但更换电站发电机和水闸又需要大约 5000 万美元，经济上极不合算。因此在 Arase 水电站运行许可证 2004 年 3 月到期时，熊本市政府向日本国土、基础设施及交通部只申请 7 年的许可运行期，而不是通常的 30 年运行期。此外，拆坝费用估计也需要 3920 万美元。日本在拆坝发展过程中首先考虑经济合理性及维修费用等问题，这与日本国家的发展指导思想密切相关，而生态方面考虑较少。

2.1.5　新兴发展中国家拆坝发展趋势

有观点认为拆坝目前主要是发达国家的事，它们的水坝大都已进入病险期，而且水力资源开发程度已很高，和发展中国家面临的问题截然不同。仅以我国为例[35]，目前全国平均水电开发率已接近 22% 的世界水能平均开发率。而我国东部目前的水电开发率已达 70% 以上，远高于世界平均开发率，西部目前的开发率虽然只有 7.5%，但因西部是我国极其重要的生态功能区和生态屏障，从可持续发展的角度来看，这一地区的水电开发到什么程度为宜还是一个问题。而世界上不少发展中国家因为环境和社会问题，已经转变了对水电大坝简单的支持态度。

在非洲[6]，2001 年 10 月，加纳政府宣布搁置伏尔塔河上的布尔水坝工程。该工程将会淹没部分国家公园的土地，破坏河马的栖息地，移民安置2600 人，并影响另外数千人的生活；在乌干达的维多利亚尼罗河上，富有争议性的布扎加里水库被制止，拯救了世界著名的布扎加里瀑布。

在韩国，2000 年 6 月 5 日，当时的韩国总统金大中曾宣布，为了保护东江流域的生态系统和 20 种濒危的生物以及首次发现的 7 种动植物，政府取消江原道的永越水坝工程计划，并将把东江流域设计成一个"对自然友善的文化与观光区"，为当地居民开创工作与其他经济效益。金大中还说，在进行深入的商议之后，政府确保水源短缺与防洪问题会获得解决。

在泰国，目前的拆坝表现为一种很特殊的方式，它不是立即拆除所有大坝硬件，而是完全开放水闸，放弃水坝的设计功能，让河水和鱼儿自由流动，尽量恢复河流的自然生境。最典型的是 1994 年 6 月建成的帕满（Pak Mun）水坝，它位于泰国东部满河与湄公河的交汇地带，毗连老挝。该河域有四五十种独特的鱼类品种，并因其秀丽的自然风光吸引了不少游客。自从水坝建成后，这些鱼类已在帕满一带消失，沿河居民的生活也受到严重影响，被迫搬迁的村民也未得到应有的赔偿。村民连同环保组织和有关专家在 7 年间进行了各种活动，要求拆去水坝。终于使政府同意在 2001 年开放帕满水坝的 8 道水闸。

在泰国的拉斯沙来（Rasi Salai），由于水坝位于天然盐矿之上，使得水库的水不能作为灌溉之用，水库也淹没了当地居民赖以维生的淡水沼泽森林。使得 1.5 万多人失去农地，而且其中 60% 的人没得到补偿。经过居民数个月的抗争，终于使政府在 2000 年 7 月下令水坝闸门开启两年，政府也同时开始研究开放水闸对于渔业和人民生活的作用。

我国作为世界上拥有大坝最多的国家，目前还没有见诸于报道的拆坝计划和行动。与此相反，我国的水电开发和大坝兴建正形成一股前所未有的热潮。但是，国际上关于水坝问题的争论与反思，以及我国水电建设中不适当的开发目标和开发方式给生态环境和社会生活带来的严重影响，已引起了国内公众、社团和政府等许多方面人士的关注与重视。尤其是近几年来，随着环保意识的增强和可持续发展理念的推广，对于水坝问题，从观念到行动，国内实际上也正面临一个转折时期的到来。

从目前的情况来看，发达国家拆除水坝的运动虽然有恢复河流生态的考虑，但是更多是由于安全、经济、生态等原因，拆除的绝大多数是小型坝，寿命超过使用年限、功能已经丧失或本身就是病险的坝，这些坝维护费用高昂，拆除是最经济的选择。总体来看，世界范围内的水坝建设还将持续几十年时间，趋势是从开发率接近饱和的发达国家转向开发潜力大的发展中国家，特别是电力需求高速增长的亚洲、南美洲和非洲的发展中国家，但是随着人们对水坝伴随的生态环境问题的关注，水坝建设也面临着越来越大的社会阻力。

2.2 大坝拆除的主要原因

2.2.1 大坝带来的主要问题

大坝-水库系统对局部环境的影响如图 2.6 所示。

2.2.1.1 泥沙运输规律改变

1. 上游水库泥沙淤积

最常见的水库泥沙淤积问题是河流输移含量高的悬浮泥沙或挟带的粗沙、细沙、淤泥和黏土沉积于大坝所形成的水库内。根据流域类型、面积和平均降雨量等特征，河流输移的泥沙含量变化范围可从万分之几到千分之几，河流输移的泥沙 80%～90% 比细沙还细，因此，这些泥沙经长距离的输移进入水库，并逐渐沉积下来，水库泥沙主要来自这部分。粗沙沉积于库尾，形成三角洲，随着水挟带的泥沙沿河床推移，逐渐向水库中进一步推移。

全世界范围内的大坝修建的主要的目的是应对时常不稳定的供水来源以及提供相应的机械或电能促进当地经济发展[36-38]。1950 年以后，世界各国修建了大量的水坝，这些大坝能提供多种经济效益，如农业灌溉、发电、防洪、旅游、渔业等。但是，受传统水电工程设计思路和水库运行方案的影响，除了

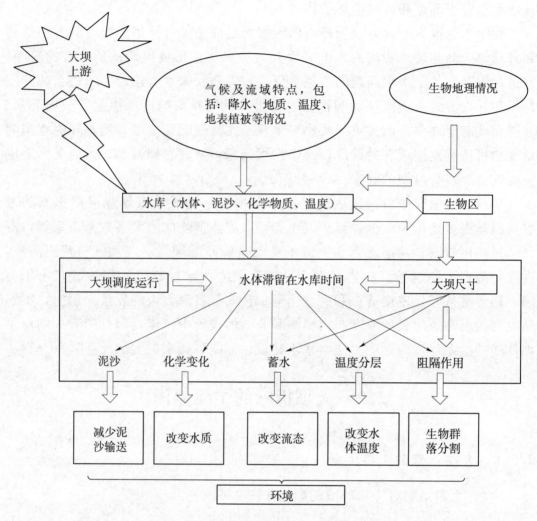

图 2.6　大坝-水库系统对局部环境影响示意图

"河床式"电站外,绝大多数电站水库分别设有死库容、有效库容、防洪库容等,而死库容与淤沙高程以下水体是没有太大经济效益的,这一点就是现行大坝设计的一个弊端。另外,大坝在运行过程中,受上游气候、地形地质及环境保护等影响,河流中每年入库泥沙因各自大坝不同而不同,一旦淤沙高程达到某一高度,电站就无法正常运行,由此可以发现每个电站获得的经济效益是有限的。目前世界上许多大坝面临着这一难题。

穆罕默德(Mahmood,1987:ix)通过分析世界各国水坝淤沙特点得出一个结论:人工修建的水库其平均经济寿命为 22 年,而库容损失的罪魁祸首就是泥沙淤积。例如,位于巴基斯坦首都伊斯兰堡附近的 Tarbela 水库,其库容可以容纳 15％的印度河年径流量,在该水库 1974 年第一次蓄水后 23 年,即 1997 年,专家发现该水库总库容减少 20％,而有效库容减少 15％,严重影响了水库效益。为了继续增大该水库效益，一些修复和清淤措施被采用，而初步估算，成本在 7 亿美元，远远超出巴基斯坦水利官员的预计成本。

20 世纪 80 年代以前，我国在封闭的环境中搞建设[39]，水坝的讨论局限于国内，主要围绕大坝本身的技术经济可行性和经济社会影响（移民、土地淹没），其他生态系统的影响还没有提上日程。60 年代初期建成的黄河三门峡工程是国人熟悉的备受争议的大坝，由于对黄河泥沙问题的忽视和移民问题处置不当，虽然历经改造仍然贻害至今。据调查，黄河三门峡工程年发电量只有原设计发电量的 20% 左右，几乎没有什么经济效益而言，同时每年还需要花费大量人力、物力维护大坝安全和清理水库泥沙。云南曼湾电站位于澜沧江中游，据调查，1996 年水坝建成后共淹没耕地 6224 亩、林地 8507 亩、荒山荒坡11843 亩。库区的人们不得不毁林开荒、陡坡开荒，从而导致水土流失，且新开垦耕地大多位于海拔 1300m 以上，由于自然条件差，现在的 4 亩地产量只相当于原来的 1 亩地产量。当地农民收入降低，毁林开荒严重。电站上游30km 的森林几乎砍光，陡坡耕种随处可见，一些坡耕地其坡度甚至超过 50°以上。由于陡坡开荒加剧了水土流失，库区两岸的支流和小溪的入口处全部被泥沙淤平。曼湾电站的工作人员反映，现在水库淤积速度大于设计淤积速度，10年时间库容至少减少了 10% 以上。

除了上述几个例子外，世界上还有许多水库淤积事例［诺德豪斯（Nordhaus，1997）］。范守善（Fan Shoushan）（1998），国际大坝委员会（1997）调查发现：世界越来越多的国家开始重视水库泥沙淤积所带来的负面影响，并得出结论：传统水坝设计理念必须加以改正，否则淤沙问题无法避免。泥沙除了影响水坝经济效益，而且更重要的是阻断了泥沙输送营养成分到大坝下游，不利于下游水生生物的繁衍生长[40-41]，同时，泥沙对于河势、河床、河口和整个河道的影响显而易见，它不仅阻断了天然河道，导致河道的流态发生变化，进而引发整条河流上下游和河口的水文特征发生改变，而且泥沙问题直接影响当地经济、社会、环境[42-44]。

2. 下游冲刷严重

在 2004 年冬季和 2005 年春季[45]，荆州市长江干支流相继发生荆江大堤文村夹、石首调关、松滋谢牟岗、抱鸡亩闸等 4 处重点崩岸。来自湖北省沙市堤防部门的消息称，如果算上一些小的险情，自 2004 年 9 月以来，荆州市长江干支流堤防崩岸高达 64 处。荆江长江干支流发生崩岸和堤溃，主要原因是三峡大坝建成后，荆江上游由浑水下泄变成清水下泄，对堤防冲刷力度加大，在清水的下蚀和侧蚀的双重作用下，堤脚失稳堤岸崩塌。好在荆江堤岸崩塌发生在长江水流较小的枯水期，如果堤岸崩塌发生在洪水期，后果不堪设想。可见，大坝修建在带来巨大经济效益的同时，清水下泄不能忽视。

3. 河口退缩与盐碱化问题

在河流上修建大坝[46-47]，将显著改变河流水、沙动态平衡，改变营养物质的输移特征，不仅直接影响下游河道的水文、水环境条件，而且对远离工程的河口生态环境也将产生显著和潜在的影响。因上游蓄水和工农业用水等因素的影响，河流径流量减少，河流季节分配规律发生变化，这必将影响上游来水来沙对河口生态环境和生物多样性的改变。上游建坝蓄水后，洪水的消除或洪泛次数减少削弱了河流与湿地之间的联系，造成湿地逐渐萎缩，甚至大面积丧失，生物食物链中断，生物多样性和生产力下降。入海径流量减少将造成海水沿河上溯，盐水入侵河道，并污染地下水，滩地土壤发生盐渍化。河流携带泥沙能力下降，将导致三角洲从淤积型向侵蚀型转化，海岸线退缩。大坝对河口生态环境的影响是长期的、缓慢的、潜在的和极其复杂的，并且上游大坝越高，这种负面效应往往越强。

阿斯旺大坝在 20 世纪 70 年代竣工[1]，成为埃及的骄傲。这座水坝结束了尼罗河年年泛滥的历史，生产了廉价的电力，还灌溉了农田。然而近年来人们发现，它也破坏了尼罗河流域的下游生态平衡，引发一系列灾难：两岸土壤盐渍化，河口三角洲收缩，血吸虫病流行等。类似的弊端也出现在肯尼亚的姆韦亚水电站、我国台湾的美浓水库等很多地方。2003 年年底，在泰国召开的第二次世界反水坝大会终于对水坝利弊提出了全球性的质疑，人们发现水坝并非永久可用，其寿命仅为几十年到 100 年。

2.2.1.2 对水生生物的影响

1. 水流流态改变对栖息地的影响

大坝建成后，库区水位上升[48-50]，库内水流流速降低，流态趋于稳定，水流对岸坡栖息地的冲蚀能力降低。水库水深的增加，使水库内淤积的泥沙比建库前河道淤积的泥沙多，而这些淤积的泥沙多为有机物和无机物。有机物和悬浮物的富集使库区成为鱼类索食场所。

由于水库使原有河道失去急流、浅滩和较大的弯曲度，喜急流性鱼类的栖息环境发生变化，因而水库中急流性鱼类数目会有所减少。相反，水库静水区面积增大，静水性鱼类数目会相应增加。由于大坝下泄流量是靠人工调节，加强了对河流径流的控制。水库运行的削峰填谷功能降低了河流原有脉冲式水文周期的变幅，甚至有些水库的调节库容接近或超过河川的多年平均径流量，造成大坝下游河流水量的相应减少。鱼类根据流速、水温、水位等信息获得产卵的信号，因此河流流态的改变必然会影响到鱼类的产卵和生长。另外，因流态不同，建坝前与建坝后周边植被分布特点和类型将有较大改变[51]。

2. 水温改变对栖息地的影响

水温作为鱼类栖息地环境的一个重要因素，直接影响鱼类的新陈代谢[52-53]。鱼类的生长一般与温度成正相关，库区水深增加，库水温度出现分层，为库区的鱼类提供了不同的栖息水温，在库区周边浅水区水温相对较高，适宜鱼类的产卵和活动，因此库区的形成有利于静水鱼类的生长。对于大坝下游的鱼类，由于水库经常下泄底层的低温水，造成大坝下游河道水体温度比历史同期温度低，对鱼类产卵有延迟作用。如延迟时间过长，刚孵化的卵遇到春汛，江水很有可能将卵带走，破坏卵的孵化。同样的，过低的水温会导致下游植物（包括农作物）根部发育缓慢，从而使这些作物从水体中吸收游离态营养成分的能力降低，不利于健康生长和正常繁殖。

3. 水质改变对栖息地的影响

水库蓄水有利于泥沙和营养物的沉积，蓄水初期对库区水质的改善起到一定作用，但随着时间的推移，上游污染物在库区中不断累积，有可能使库区及部分库汊的水质恶化[54]。同时，水体营养水平的增加为藻类等浮游植物和以浮游植物为食的浮游动物的生长提供了条件。如果水质继续恶化，造成藻类大量爆发，将大量消耗水体中溶解氧，导致水体中溶解氧浓度降低，会使鱼类因缺氧而死亡。对大坝下游的鱼类而言，大型水坝高水位下泄时，在高速水流表面形成掺氧，将空气卷吸入下泄水体中，使水体发生剧烈曝气，水体中溶解气体（N_2、O_2、CO_2）处于过饱和状态，会导致鱼体内血液中产生气泡，鱼类因气泡病而死亡[55]。

4. 河床底质改变对栖息地的影响

大坝建成后，由于泥沙在库区的沉淀，下泄水流的含沙量比建坝前少，对下游河床的冲刷加强，河床泥沙被带走，河床底质中沙、石的组成比例发生改变。鱼类的产卵习性可分为产卵于水层、水草、水底、贝类和石块上，比如，有些鱼类选择粗糙砂砾、岩石基底产卵，有些选择砂质基底产卵，有些选择基底植物上产卵。因此，当河床底质发生变化时，一些鱼类将无法产卵或卵无法孵化[56]。

5. 地形改变对栖息地的影响

复杂多变的地形造就复杂的流态，栖息环境越复杂生物多样性越好[57]。水库蓄水后淹没河道江心洲，河道断面由复式变成单一断面，同时降低了回水区江段的水头差和河道的弯曲度。河道地形的单一会造成栖息环境的单一化，相应鱼类的种类也有向单一化发展的趋势。

6．阻断栖息地的连续性

大坝的建设对洄游性鱼类最直接的影响是切断了其洄游通道，而这种影响是不可逆的。阻断河流使得一些需要洄游到河道上游产卵的鱼类无法产卵而数量明显下降。另外，由于水坝阻隔，许多鱼类觅食和栖息地减少，但被其他肉食性动物、鱼类捕食的可能性大大增加[58-59]。

2.2.1.3　对局部气候的影响

国外舆论在谈到大坝与生态问题时，首先谈到的最重要的问题就是大坝建设对大气和气候的影响[60-62]。这种观点的提出是有原因的。在南美洲的阿根廷、巴西、委内瑞拉等国，在北美洲，以及俄罗斯的西伯利亚地区，一些大型水电站的水库淹没了大片森林和草场，水库蓄水前，又没有能力大规模砍伐清库，林木和草场便长期浸泡在水中。树木生长时吸收 CO_2，释放 O_2，有益于生态环境；但经水浸泡腐烂后便会产生一些有害气体，放出易燃且对大气造成有害的气体，严重污染库区周边环境。事实上，大坝的环境影响比人们业已认识到的还要大。新近的研究证明，水坝（特别是热带地区的大型水坝）由于大量淹没植被而排放温室气体，某些情况下水库排出的温室气体甚至等于或超过同等装机容量燃煤发电厂的排放量。从世界范围看，这个问题较突出，特别是在美国、加拿大以及北欧地区的国家。

另外，兴修水坝还会影响局部陆地生态系统气候，随着水面加宽，每年的蒸发量会增加，局部空气湿度也会相应增大，有利于缓解局部干旱影响，同时当地的降水量也会增加，水库在某种程度上与森林类似，但滑坡或其他地质灾害可能加剧；陆地气温将变得更加温和，水的比热容很大，在外界发生剧烈温差变化时，水库能使局部气温变化幅度减弱；随着库水位增加，水库表面的吹程加大，风速可能局部增加，当地的大气环流加剧，春秋季多雾天气会增加，影响交通运输等。

当河流中原本流动的水在水库里停滞后便会发生一些变化：①对航运的影响，譬如过船闸需要时间，对上、下行航速会带来影响；②水库水温有可能升高，水质可能变差，特别是水库的沟汊中容易发生水污染，如水华现象的出现；③水库蓄水后，随着水面的扩大，蒸发量的增加，水汽、水雾就会增多等。这些都是修坝后水体变化带来的影响。

2.2.1.4　对移民及社会经济发展的影响

1．移民影响

水库移民涉及众多领域，是一项庞大复杂的系统工程，关系到人的生存权和居住权的调整，是当今世界性的难题。移民问题是大坝建设带来的最值得关注的问题之一，需要慎重对待。修建大坝的最初目的是发展经济，达到兴利除害目的，然而，世界上许多国家在修建大坝过程中，并没有很好地处理移民问题，不仅最后不能兴利除害，反而加剧了当地人口贫困，主要表现在以下几个方面[63]：

（1）许多大坝的规划没有对大坝建成后对生态产生的不利影响和对当地人产生的不利影响进行充分调查。相对而言，比较容易调查那些由于修建大坝而将失去土地、房屋和其他财产的人群，但比较容易忽视那些在库区采集森林产品、季节性捕鱼、放牧和进行其他类似生产活动的人群。同时，大坝地处偏远，也增加了调查活动的难度。国外也曾有过此种案例，移民规划主要面向受库区直接影响的人群，而未把那些受灌溉渠系建筑物、发电厂房和其他附属设施影响的人群认定为移民规划中的项目影响人口。

（2）缺乏向受影响人群提供有关项目及其影响以及缓解这些影响的措施等方面的信息。而获得这些信息是移民们的一项基本权利，移民活动影响了人们最基本的生活方式，所有决定生计的主要因素，如职业、住房条件、生活方式、社会关系和社会支持系统等都发生了重大变化。如果项目单位不能即时向人们宣传有关移民计划的信息，而人们通过其他途径获得的信息常常是不可靠的。这是导致在某些大坝项目［例如哥伦比亚瓜维奥（Guavio）水电站项目］移民初期产生冲突的原因之一。缺少以上信息共享也会对移民计划的设计产生不利影响。只有与受影响人群和利益相关者共享以上信息，才能获取有用的建议去完善移民计划。在缺少充分的信息公开和意见交换的情况下制定的移民计划往往并不能达到理想的结果。

（3）受影响人群和其他利益相关者在制定和实施移民计划时的参与程度不够。那些只由项目单位集中制定和实施，而没有受影响人群、当地政府和其他利益相关者参与的移民项目很少会获得成功。具有移民知识的专家不能有效地替代人们去选择确定最适合他们的移民方案，没有主要利益相关者的参与是很难制定有效移民方案的，要想实施则更难。移民方案中的主要利益相关者是指那些受项目影响的人群、他们的代理人、移民安置区居民、在该区域工作的非政府组织或其他民间组织、受影响区和安置区的地方政府、工程承包商、投资机构、进行各种研究的咨询专家以及在项目设计和实施机构中的工程和移民部门。如果没有这些人的广泛参与，则移民者的利益无法完全得到保证，这也会影响水坝后期正常的运行和管理。

2. 社会经济发展影响

大坝兴建，改变了原有河流自然的水文特性，特别是水库形成后，为了满足日益增长的电力能源需求，河流中相当大的一部分水体被拦蓄在上游水库中，是河流径流量、水质以及发生洪水的频率发生显著改变。

水库流速降低，减弱了水库水体自净能力，这不仅影响上游水库周边居民生产、生活，而且影响了那些依赖水库供水而进行农业生产和工业生产的城镇、农村；另外，水库水质恶化，也会直接影响下游居民的身体健康和水生生物的繁衍。

许多大坝兴建的一个主要目的就是防洪、调节地表径流。未建坝时，河流每年根据自身流域气候特点，周期性发生一些洪水，一方面，这些洪水时刻威胁着沿河两岸居民的生命财产和工农业发展；另一方面，洪水能有效冲击泥沙和输送营养物质，满足水生物种的需求。然而修建大坝后，周期性的洪水逐渐减少，下游河道径流量逐趋均匀，尽管在某种程度上对工农业发展和生命财产保护有利，然而从长期来看，水生态系统恶化必然影响当地的经济社会发展[60-61]。

2.2.1.5　水灾害与疾病

修建大坝后可能会触发地震、崩岸、滑坡、消落带等不良地质灾害。另外，大坝除了引起自然灾害外，还会给人群带来许多疾病。大坝带来的威胁首先是大量来自远方的建设工人，他们大多都是贫穷而没有技术的劳动力，特别是在热带国家，他们通常都带有多种传染病，比如肺结核、麻疹、流感、黑热病、梅毒或者艾滋病[1]。位于巴西和巴拉圭边界的伊泰普水电站，曾经雇佣了 3.8 万个劳动力，在 1978 年末，每天新来或离开工地的人有 2000 人，新来的工人及其家人使附近村庄的人口增加了 3～7 倍，他们几乎全部都住在过度拥挤的工棚内，既没有良好的卫生设施，也没有医疗条件，许多人受到各种传染病的影响，特别是呼吸道和肠道疾病，营养不良与寄生虫影响了当地儿童健康成长。除此之外，大坝修建易引起血吸虫病、疟疾等病的滋生和传播。在许多发展中国家，由于对大坝运行管理缺乏足够的重视和经费支持，可能造成溃坝，造成溃坝的原因多种，如大坝运行不当，工程质量问题，或遇到超标准的负荷，也有可能是战争带来的人为破坏等。

2.2.1.6　对文物和景观的影响

水电开发改变了周围的自然景观。一方面，蓄水后，一些水库可能会开发成为旅游区，提高河流的文化娱乐价值；另一方面，开发建设也可能淹没周围的景观、风光和古迹，可能会破坏生态环境提供给人类的舒适性服务。这些问题值得认真调查评价[61-62]。

2.2.2 大坝拆除主要原因

2.2.1 中所述 6 条是目前国内外大坝所带来的最主要不利因素，这些因素是具有普遍意义的。总结概括以上不利因素不难发现，国外大坝拆除的主要原因如下。

2.2.2.1 大坝安全问题

1. 大坝老化

随着世界人口的不断增长，水资源与能源问题将成为全球社会及经济发展的"瓶颈"，而大坝作为重要的水利工程仍将扮演有效合理利用全球有限水资源的重要角色。进入 20 世纪下半叶，随着全世界范围内对环境问题的日益重视，考虑到大坝对周围自然生态环境以及人类居住环境带来的负面影响，修建大坝特别是特高大坝的步伐开始减缓，大坝工程的重点从大规模建设新坝转到大坝维护、安全评价以及大坝退役评估上来。

一切物质都要衰变，包括所有的材料和结构都随时间的推移性能逐渐衰变，走向"老化"[63]。当物质或材料处于封闭系统，物质老化属于自变；当物质处于复杂环境的开放系统中，则会与外界其他物质发生能量和物质交换。大坝作为重要的水利工程，无时无刻不处于复杂的开放系统中——自然环境，长期遭受高压渗流、溶蚀、冲刷、冻融、冻胀等恶劣的自然环境和运行环境的影响，还可能遭遇因建坝后因局部水文气候条件改变而引起的超标准洪水和水库诱发地震的破坏，大坝综合特性会随时间的延续而慢慢恶化。因此，大坝的外形尺寸、材料物理力学性能、水力特性、热力学、化学等性质随着坝龄的增加而相应地减弱，影响坝体正常功能的发挥。更有甚者，到了一定阶段，大坝不能再工作了，并且严重威胁下游社会经济发展以及生态系统平衡的安全，面临着退役和拆除。

一般来说，大坝的综合特性是随大坝运行年龄而变化的[64-65]，据美国专家估计：一个拦河坝的平均寿命大约为 50 年，全世界共有 4 万多座大型拦河坝和约 80 万座小型拦河坝年久失修。日本学者冈田清于 1988 年咨询调查了日本 202 座混凝土坝的寿命状况。同时冈田清对 1590 座各类混凝土建筑物进行统计分类，得出日本各类混凝土建筑物的实际寿命是：一般混凝土制品寿命为 20 年；桥梁工程寿命为 50 年；混凝土坝寿命为 50～100 年。我国长江科学院刘崇熙等人通过大量试验和现场检测，认为我国大坝混凝土的寿命为 30～50 年，且混凝土弹模呈负指数衰减，情况十分严峻。

在整个大坝寿命周期内其综合特性大致可以分成以下三个阶段：

（1）适应期：大坝运行早期，即水库第 1 次蓄水后 3～5 年。这个阶段大坝出现的病情较多，失效率也较高，这主要是因为设计、勘察和施工等方面的各种不足因素（设计缺陷、勘察不详实、施工质量差等）。但随着坝龄增加，大坝逐渐适应蓄水后的应力、水和化学等环境的巨大变化，大坝综合特性向大坝安全有利的方向发展，可靠性增加，失效率递减而进入稳定期。

（2）稳定期：大坝通过早期的调整后，对运行环境已经适应，大坝的变形、渗漏、扬压力等可检测的量都基本趋于稳定。这一时期，除了超标准洪水、大地震和管理不当等意外因素所引起的有些问题外，大坝在规定条件下能正常工作，安全性较高，失效率低，是大坝的最佳时期，约 15～25 年。

（3）大坝服役晚期，约 30～50 年。通过多年运行，坝体和坝基材料成分、结构、性状等均发生了明显的变化，强度降低，渗透性增大，大坝及其附属建筑物功能开始退化，大坝综合特性逐渐向恶化的方向发展，安全性降低，失效率上升。

大坝的老化是大坝综合特性随时间变化的一种隐蔽而缓慢的积累过程，它最终决定着大坝的可靠性和安全性。大量坝工程建设实践表明，引起大坝病态问题和事故的主要原因可以归纳为设计、施工、勘测等方面的各种不足因素，超标准洪水、地震和管理不当等意外因素以及老化因素三个方面，而其中老化是大坝破坏尤其晚期破坏最重要的原因之一。世界上的许多大坝[1]，如吉诺特、罗德埃尔斯伯、泽乌齐尔、洛根马丁、内佩昂、拉科瓦、摩尔斯巴、瓦伊昂、卡里巴、欧特法热以及我国的佛子岭、新安江、丰满等大坝无一例外都出现了不同程度的老化问题，直接影响到大坝安全运行。根据国际大坝委员会大坝与水库恶化专业委员会对 33 个国家 1975 年以前建造的 1.47 万座大坝与水库工程恶化及失事情况的统计资料，10105 座大坝工程中存在各类老化问题的一共 2103 个，最终发生大坝事故有 107 起。根据美国大坝委员会（USCOLD）1988 年发布的《溃坝事件》（《Lessons from Dam Incidents》）一书，1986 年前在美国共发生了 516 起大坝事故，其中大多数与大坝老化有关。根据我国 1991 年水利部水利管理司编写的《全国水库垮坝统计资料》，1954—1991 年总共发生了 3242 起溃坝事件，其中与大坝老化有关的溃坝数占总数的 38%。根据《中国水利》杂志 2000 年 1 月发表的《21 世纪我国水利面临的十大挑战》一文，我国现有 8 万多座大坝中，有 1/3 普遍存在严重老化，效益衰减，影响防洪和蓄水兴利。

问题的严重性还在于，根据国际大坝委员会高坝注册资料统计，目前世界上运行超过 50 年的老坝占大坝总数的 30%，运行 30 年左右的占 50%；我国建坝历史虽然不长，根据 2000 年年底的已建大坝运行年龄统计分析，我国现有的大坝中 25％以上的坝龄超过 30 年，10％以上的超过 40 年，平均坝龄22.87 年。加上随着世界范围内修建新坝的步伐变缓，老坝总数及百分比将日益增加。虽然近几年在大坝老化方面已有一些研究成果，但缺少系统的科学理论和技术研究，还不能够满足大坝长期安全运行的需要。因此充分了解老化过程的实质和机理、分析长期运行条件下大坝所表现出来的老化迹象及其性状、归纳老化类型及其原因、掌握适当的探测方法、

正确评价老化过程的发展趋势和强度以及大坝安全性可能产生的后果显得尤为重要。大坝老化将严重影响坝体本身结构的可靠性，增大坝体结构失效可能性，从而造成大坝安全风险增加，不利于大坝正常发挥效益。

2. 洪水特性和泥沙淤积特征的改变[66-67]

大坝修建后，因效益发挥，带动大坝上下游地区的经济发展。电站上游流域土地利用性质发生很大改变，如人口增长造成城镇化步伐加快、森林面积减少等。因此，当流域出现大的暴雨时，因地面土地性质在建坝前后发生巨大改变，从而引起流域洪水形成的规律发生较大改变。建坝前植被较多，上游流域洪水过程线较平稳，峰值较小，历时较长；修建大坝后，因土地利用规律发生变化，流域相同的暴雨所引起的洪水过程线明显陡涨陡落，峰值很大，历时很短。因此，水库无法在很短时间内蓄积洪水量，只有通过下泄洪水才能保证大坝安全，而下泄的水未产生良好的经济效益。另外，人口增长造成开荒种地，加速了水土流失的可能性，从而引起水库淤积加速。水库泥沙淤积越来越严重，作用在大坝上的泥沙压力逐渐增加，拦蓄的水体越来越多，上游水位就越来越高，大坝所受的水压力也就越来越大，同时扬压力的数值也将发生改变，这对大坝正常运行不利。另外，上游水库因拦蓄洪水造成上游库区淹没损失增加，水库诱发滑坡、地震可能性增加。

3. 安全要求发生变化

随着时间的推移，老化大坝的数量在增加，受力特点和大坝本身对荷载的抵抗能力发生根本改变，原本安全的大坝，其安全性已发生很大变化，若大坝运行工况持续恶化，运行风险就会不断增大，安全事故不可避免发生，这对下游的安全构成严重威胁。另外，随着水利工程科研水平的提高，新的设计规范和新的设计准则相继出现，而老坝当时的设计规范与现今的规范不同，不能满足新的安全规范，因此大坝可能出现安全问题；由于经济持续发展，原本等级不高的工程可能变成工程等级较高的工程，对当地社会、经济、安全具有举足轻重的作用，这时大坝安全要求也被提升到更高的水平。

2.2.2.2　效益降低

1. 水库泥沙淤积[68]

在世界水坝委员会考察的项目中，发电低于预期值的水电站占一半以上，70%的项目未能达到供水目标，有一半项目提供的灌溉水不足。众所周知，在大坝几何尺寸不变的情况下，大坝的效益主要取决于天然来水量和有效库容的大小，尤其是每年的来水量，流量越大一般发电量也就越大，同时给周围工农业、居民提供的利益也就越多。然而大坝修建后，河流的自然属性被完全改变，相应的水文、气象条件也会发生变化，势必引起天然径流量发生变化，另外人口增长引起的水土流失加剧会加速水库淤满，工业化污染引起的大坝结构、材料破损老化也相应加剧。据不完全体统计：世界范围内每年1%的水库淤满报废，而拆限退役坝需要高额的投入，这部分成本在建坝的时候总是不被考虑的。世界水坝委员会的报告认为，几乎所有的水坝计划书都高估了水库的使用寿命及工程效益，大部分水坝都不能达到其预期目的。

2. 上游来水量减少

据目前统计，世界上绝大多数的人口和重要城市都居住和修建在沿海、沿河地区。随着经济发展和社会进步，人们对生活质量的追求越来越高，水作为工农业生产和生活中必不可少的要素，其需求量与日俱增。当地人的用水量多来自当地河流和水库等。用水需求的增加必然人为地减少了当地河流的天然径流量，流量减少意味着可用于发电的流量绝对减少，则大坝产生的效益也绝对减少[69]。另外，因土地利用性质的改变，降雨引起的上游流域洪水特性发生改变，陡涨陡落的洪水通常无法在水库中蓄积起来，只好下泄，造成过多水量损失，而这部分水既不能发电也没有用于工农业生产。

2.2.2.3　生态环境影响及灾害损失增加[70]

1. 水质变化带来水处理费用增加

大坝建成蓄水之后，流态改变，水库的水温出现垂直分层。受水库下泄水流的影响，下游河道水温年内变化幅度减小，且低温加剧污染。如美国切罗基（Cherokee）坝底孔泄流的溶解氧低，水流纳污能力下降，造成的霍尔斯顿河下游夏季溶解氧的亏损量相当于350万城市人口污水排放导致的结果。另外，库区植被覆盖度高且不加清理，会出现因植被腐烂物太多导致 SO_2 的增加。对于平原型水库，一般地质条件为第四纪松散沉积物，地下水位抬升和潜在蒸发力大，容易出现盐渍化。世界许多国家正在大力保护河流，尽量减少河流水质污染。然而因大坝修建减少流速，减弱大坝自净能力，因此每年需要投入大量的资金来处理工农业和生活废水，而这个数据逐年增加较大，尤其在我国问题更严重。

2. 水产量减少

随着生活水平的不断提高，人们的环保意识不断增强，为保护水资源、水环境和濒危动、植物，越来越多的人认识到大坝建设将会影响河流的生态系统。大坝的修建改变了河床地质，改变了水生生物栖息地地形、地貌，随着水深增加和流速降低，水温显著分层，造成原有河流水生生物的生境发生改变，一些喜急流低温的鱼类逐渐被习惯于湖泊型生境的鱼类取代，造成一些重要的经济性鱼类灭绝、减少。在下游，低温水、较均匀的径流、气体过度饱和的清水严重威胁下游水生生物的繁殖。在过去的 10～20 年里，美国设计和建造的新坝数量大幅度减少，有的政府机构已将其工作重点从大坝建设转向水资源管理和环境保护，对在役大坝同样也提出十分严格的环境保护要求，一些大坝因破坏沿岸的鱼群回游，改变沿岸及岸边野生动物的栖息地，并影响流域生态环境而受到批评，进而被拆除。

3. 灾害频率及相应损失增加

水库水位增加造成上游库岸地下水位增高，而地下水的增高会显著改变原有岸坡土体和岩石的力学参数，易诱发滑坡。另外，水面变宽，蒸发量可能增加，降雨概率也可能增加，这也必然加剧上游水土流失和滑坡。而在下游，下泄的水体多为清水，易造成下游河堤的冲刷和破坏，需要增加资金来建堤和修复。

4. 景观文物及休闲娱乐损失

面水倚山而居是人类选择生存发展的共有特点，修建水库势必需要淹没大量的农田、耕地，需要搬迁多个城镇、乡村，同时许多有着几千年、几百年历史的文物古迹也在所难免。在搬迁中，会造成古迹的损坏，同时那些未被发掘的或者根本来不及发掘的文物古迹将永埋水底。另外，由于修建水坝导致适合激流探险及水上运动的区域的消失，人们的休闲娱乐场地也将面临改变。

参 考 文 献

［1］ S M Rashad，M A Ismail. Environmental Impact Assessment of Hydro – power in Egypt ［J］. Applied Energy，2000（65）：285 – 302.

［2］ Martin W Doyle，Emily H Stanley，Cailin H Orr，Andrew R Selle，Suresh A Sethi，Jon M Harbor. Stream Ecosystem Response to Small Dam Removal：

Lessons from the Heartland [J]. Geomorphology, 2005 (71): 227 - 244.

[3] A Palmieri, F Shah, A Dinar. Economics of Reservoir Sedimentation and Sustainable Management of Dams [J]. Journal of Environmental Management, 2001 (61): 149 - 163.

[4] David, D Hart, N Leroy Poff. A Special Section on Dam Removal and River Restoration [J]. BioScience, August 2002, 52 (8): 653 - 655.

[5] Martin W Doyle, Jon M Harbor. Toward Policies and Decision - Making for Dam Removal [J]. Environmental Management, 2003, 31 (4): 453 - 465.

[6] N Leroy Poff, David D Hart. How Dams Vary and Why It Matters for the Emerging Science of Dam Removal [J]. BioScience, 2002, 52 (8): 659 - 667.

[7] Ed Whitelaw, Ed Macmullan. A Framework for Estimating the Costs and Benefits of Dam Removal [J]. BioScience, 2002, 52 (8): 724 - 730.

[8] Stan Gregory, Hiram Li, Judy Li. The Conceptual Basis for Ecological Responses to Dam Removal [J]. BioScience, 2002, 52 (8): 713 - 723.

[9] Bruce Babbitt. What Goes Up, May Come Down [J]. BioScience, 2002, 52 (8): 656 - 658.

[10] Margaret B Bowman. Legal Perspectives on Dam Removal [J]. BioScience, 2002, 52 (8): 739 - 747.

[11] Emily, H Stanley, Martin W Doyle. A Geomorphic Perspective on Nutrient Retention Following Dam Removal [J]. BioScience, 2002, 52 (8): 693 - 701.

[12] David, D Hart, Thomas E Johnson, etc. Dam Removal: Challenges and Opportunities for Ecological Research and River Restoration [J]. BioScience, 2002, 52 (8): 669 - 680.

[13] Jim Pizzuto. Effects of Dam Removal on River Form and Process [J]. BioScience, 2002, 52 (8): 683 - 691.

[14] Patrick B Shafroth, Jonathan M Friedman, Gregor T Auble, et al. Potential Responses of Riparian Vegetation to Dam Removal [J]. BioScience, 2002, 52 (8): 703 - 712.

[15] Sarae Johnson, Briane Graber. Enlisting the Social Sciences in Decisions about Dam Removal [J]. BioScience, 2002, 52 (8): 731 - 738.

[16] Jo Beth Mullens. An Examination of Dam Removal in New England [P]. 2004: 51 - 60.

[17] Michigan Department of Natural Resources. Dam Removal Guidelines for Owners [R]. April 2004, http: //www. michigan. gov/deqglmd.

[18] American Rivers. Dams Slated for Removal in 2005 and Dams Removed from 1999 - 2004 [R]. Bringing Life to Rivers, December 2005: 1 - 35.

[19] Bednarek. Undamming Rivers: The Ecology of Dam Removal: A Summary of Benefits and Impacts [J]. Environmental Management, 2001, 27 (6): 803 - 814.

[20] 杨小庆. 美国拆坝情况简析 [J]. 中国水利, 2004 (13): 15 - 20.

［21］ Bednarek. The Ecology of Dam Removal：A Review of the Short and Long - term Ecological Benefits and Impacts of Dam Removal ［R］. American Rivers，summer 1998：1 - 18.

［22］ American Rivers. Dam Removal Costs ［R］. Bringing Life to Rivers，December 2005：36 - 39.

［23］ The Aspen Institute. Dam Removal：A New Option for a New Century ［R］. 2002，published by the Aspen Institute：1 - 66.

［24］ 王亚华. 反坝，还是建坝？——国际反坝运动反思与我国公共政策调整 ［J］. 中国软科学，2005 （8）：33 - 39.

［25］ American Rivers. Paying for Dam Removal A Guide to Selected Funding Sources ［R］. October 2000，Published by American rivers：1 - 25.

［26］ Elizabeth H W Riggs. Case Studies in River Restoration Through Dam Removal ［R］. June 2003，Huron River Watershed Council：1 - 40.

［27］ Jong - Seok Lee. Uncertainty Analysis in Dam Safety Risk Assessment ［D］. 2002，Utah State University：20 - 60.

［28］ Charles Gowana，Kurt Stephensonb，Leonard Shabman. The Role of Ecosystem Valuation in Environmental Decision Making：Hydropower Relicensing and Dam Removal on the Elwha River ［J］. Ecological Economics，2006，56：508 - 523.

［29］ Fang Cheng. Sediment Transport and Channel Adjustments Associated with Dam Removal ［D］. 2005，Ohio State University：1 - 40.

［30］ 郭军. 浅谈美国退役坝的管理与我国水库大坝安全管理面对的新问题. http：//www. chndaqi. com/news/28033. html，2004 年 6 月 1 日.

［31］ C R 唐纳利. 加拿大芬利森坝的拆除 ［J］. 水利水电快报，2006，27 （4）：12 - 15.

［32］ 水利电力科技. 美国《大坝及水电设施退役导则》简介 ［J］. 2006，32 （1）：42 - 45.

［33］ 王正旭. 美国水电站退役与大坝拆除 ［J］. 水利水电科技进展，2002，22 （6）：61 - 63.

［34］ 国际电力：日本首次计划拆除大坝 ［J］. 2003，7 （3）：50.

［35］ 沈崇刚. 中国大坝建设现状及发展 ［J］. 中国电力，1999，32 （12）：12 - 19.

［36］ S 阿拉姆. 水利工程的泥沙影响及其对策 ［J］. 水利水电快报，2000，21 （1）：20 - 23.

［37］ Inmaculada Riba，T Angel DelValls，Trefor B Reynoldson，Danielle Milani. Sediment Quality in Rio Guadiamar （SW，Spain） after a Tailing Dam Collapse：Contamination，Toxicity and Bioavailability ［J］. Environment International，2006 （6）：1 - 10.

［38］ Mick Hillman. Situated Justice in Environmental Decision - making：Lessons from River Management in Southeastern Australia ［J］. Geoforum，2006，37：695 - 707.

［39］ 水电与生态发展的"对话". http：//cn. biz. yahoo. com/050714/16/b70j _ 3. html.

［40］ Charles Gowana，Kurt Stephensonb，Leonard Shabman. The Role of Ecosystem Valuation in Environmental Decision Making：Hydropower Relicensing and Dam Removal on the Elwha River ［J］. Ecological Economics，2006，56：508 - 523.

［41］ Robert B Jacobson，David L Galat. Flow and Form in Rehabilitation of Large - river

Ecosystems: An Example from the Lower Missouri River [J]. Geomorphology, 2006, 77: 249 – 269.

[42] Federal Emergency Management Agency. National Dam Safety Program. http: //www.fe-ma. gov/mit/ndspweb. htm, 1999.

[43] Doyle M W, E H Stanley, J M Harbor. Channel Adjustments Following Two Dam Removals in Wisconsin [J], Water Res. Res. , 39 (1): 1010 – 1011.

[44] Piotr Parasiewicz, Scott Jackson. Feasibility Study of Removal of the Hatfield Dam (Mill Rive, Hatfield, MA): Feasibility, Environmental Cost – Benefit Analysis and Evaluation of Alternatives for Fish Passage [R]. Department of Natural Resources Conservation University of Massachusetts, 2014.

[45] 孙魁. 改造长江——永远造福湖北人民. http: //post. baidu. com/f? kz=44025898.

[46] 险境中的河流. http: //www. eedu. org. cn/Article/epedu/greeneyes/200504/4529. html.

[47] 何希. 水生生态系统和渔业 [J]. 当代中国研究. 1997 (3).

[48] Task Committee on Guidelines for Retirement of Dams and Hydroelectric Facilities of the Hydropower Committee of the Energy Division of the American Society of Civil Engineers [R]. 1997. Guidelines for Retirement of Dams and Hydroelectric Facilities. American Society of Civil Engineers, New York.

[49] Anderson J D. Predicted Fluvial Response to Dam Removal in the Kalamazoo River Valley, Michigan [J]. Hydraulic Engineering: Proceedings of the 1991 National Conference. Nashville, Tennessee: 686 – 691.

[50] Angermeier P L, J R Karr. Biological Integrity Versus Biological Diversity as Policy Directives [J]. BioScience. 1994, 44 (10): 690 – 697.

[51] Austin, R J. Reaching the End of the Road [J]. International Water Power and Dam Construction. 1998, 50 (1): 25 – 27.

[52] Bergstedt L C, Bergersen E P. Health and Movements of Fish in Response to Sediment Sluicing in the Wind River [J]. Wyoming. Can. J. Fish. Aquat. Sci. 1997, 54: 312 – 319.

[53] Born S M, K D Genskow, T L Filbert, N Hernandez – Mora, M L Keefer, K A White. Socioeconomic and Institutional Dimensions of Dam Removals: The Wisconsin Experience [J]. Environmental Management. 1998, 22 (3): 359 – 370.

[54] Bowman, M. River Renewal: Restoring Rivers through Hydropower Dam Relicensing [R]. American Rivers; Rivers, Trails, and Conservation Assistance Program; National Park Service. 1996, Washington DC.

[55] Chisholm I, L Aadland. Environmental Impacts of River Regulation [R]. Minnesota Department of Natural Resources, 1994: 32 – 34.

[56] Doeg T J, J D Koehn. Effects of Draining and Desilting a Small Weir on Downstream Fish and Macroinvertebrates [J]. Regulated Rivers: Research and Management. 1994, 9: 263 – 277.

[57] Drinkwater K F, K T Frank. Effects of River Regulation and Diversion on Marine

Fish and Invertebrates ［J］. Aquatic Conservation：Freshwater and Marine Ecosystems. 1994，4：135 - 151.

［58］ Dynesius M，C Nilsson. Fragmentation and Flow Regulation of River Systems in the Northern Third of the World ［J］. Science. 1994，266：753 - 762.

［59］ 朱瑶. 大坝对鱼类栖息地的影响及评价方法述评 ［J］. 中国水利水电科学研究院学报，2005，3（2）：100 - 103.

［60］ 汪恕诚. 论大坝建设与生态环保的关系 ［J］. 中国三峡建设，2004（6）：3 - 10.

［61］ 汪恕诚. 论大坝与生态 ［J］. 水力发电，2004，30（4）：1 - 4.

［62］ 方卫华. 环境和气候变化对大坝安全的影响 ［J］. 贵州水力发电，2005，19（1）：10 - 13.

［63］ 阿里木·吐尔逊，阿布都艾尼. 我国水库大坝老化现状初步分析 ［J］. 大坝与安全，2004（3）：9 - 11.

［64］ 刘崇熙，汪在芹. 坝工混凝土耐久寿命的衰变规律 ［J］. 长江科学院院报，2000，17（2）：18 - 21.

［65］ 刘崇熙，汪在芹. 坝工混凝土耐久寿命的现状和问题 ［J］. 长江科学院院报，2000，17（1）：17 - 20.

［66］ Ebersole J L，C A Frissell. Restoration of Stream Habitats in the Western United States：Restoration as Reexpression of Habitat Capacity ［J］. Environmental Management，1997，21（1）：1 - 14.

［67］ Hadley R F，W W Emmet. Channel Changes Downstream From a Dam ［J］. Journal of the American Water Resources Association，1998，34（3）：629 - 637.

［68］ Ligon F K，W E Dietrich，W J Trush. Downstream Ecological Effects of Dams ［J］. Bioscience，1995，45（3）：183 - 192.

［69］ P. 麦卡利. 大坝经济学 ［M］. 修订版. 北京：中国发展出版社，2001.

［70］ 彭辉，刘德富，田斌. 国际大坝拆除现状分析 ［J］. 中国农村水利水电，2009（5）：130 - 135.

第 3 章

大坝功能退化及降等退役决策步骤

3.1　大坝功能退化与病坝关系

决定一座大坝是否被拆除需要考虑一系列复杂的社会、经济和环境问题。本章在收集大量文献和已有研究的基础上，制定了病坝拆除决策步骤流程图。该流程图由若干个决策步骤和关键问题组成，这些决策步骤和关键问题有利于决策者很好地分析和收集相关资料、数据，同时流程图可以帮助决策者明确什么目标导致病坝拆除，拆除前什么问题是决策者最值得关心的问题。而对于大坝拥有者而言，该决策步骤可以帮助他们正确认识大坝拆除的全过程，以及妥善处理大坝拆除前后可能需要面对和解决的社会、经济、工程及生态问题。在建立大坝拆除决策步骤之前，必须重新界定一个概念，即"病坝"。传统的观点认为一旦大坝出现老化无法满足国家规范规定的一些界定值[1-3]，如材料允许抗拉强度、容许抗压强度、结构可靠度指标、容许应变等，则该大坝就可以被界定为病坝。有时候，如果一个大坝在外形上已经出现过大的变形，或出现非正常的沉降、裂缝，但并未影响大坝功能的正常发挥，也可以把这种大坝定义为"病坝"。但随着环保意识的提高，病坝的概念发生了深刻的变化，其物理意义变得更加丰富：如果大坝未达预定功能或经济效益明显降低；或者坝体未达预定安全指标或使用年限已达到设计使用寿命；或者坝体带来明显的生态系统退化或水质安全问题；或者大坝带来明显的其他社会不良影响并引起社会各界广泛的关注，则这样的大坝均可以被界定成病坝，而基于上述类型病坝定义的大坝在我国目前很多的。

3.2　病　坝　的　识　别

现存的任何大坝在初始修建的时候都是为了一定的经济、社会或政治目的，只是各个大坝具体目的不一定相同。例如，美国早期的一些小型坝主要是为磨房或牧场提供动力和水源[4-7]；另外一些中型坝和大型水坝则主要为当时的工农业生产和居民提供电能。在我国，1950—1970 年期间修建大坝的主要的目的是为了农业灌溉，但 1970 年以后，随着农田水利枢纽兴建高潮的过去，接下来的大坝建设主要是为了给工农业生产提供电能。这也就造成了早期我国大坝普遍矮小、建设成本低廉、技术落后、施工质量较差，且以土石坝居多。这和美国类似，美国早期的大坝也是以土石坝和木栅坝居多。无论大坝在什么时候修建，都需要考虑坝体本身建造的成本和未来的效益。经过几十年再来评价一个大坝是否需要被拆除时，必须根据大坝本身的建造年代和目前发挥的效益进行综合考虑，即利用本章新界定的"病坝"概念来判断一个大坝是否有必要被拆除。下面讲述了几条病坝识别的主要原则。

1. 大坝未达预定功能或经济效益明显降低

因大坝修建显著改变了原河流水文特性，加上流域人口增长、林地等减少，大坝上游天然来水减少，水库淤积加剧，因此用于电站发电的流量明显减少，电站效益降低，且逐年递减，到了某个时候，电站实际效益可能未达到原设计效益，另外有些大坝经过多年运行逐渐改变了自身在原来电网中的地位，即能源供应的角色发生改变，因此不得不放弃原有的设计功能。如果遇到这样的大坝，必须重新评价大坝的功用或效益，最终确定大坝是否为病坝。例如我国的三门峡水利枢纽，目前每年效益还不到原设计效益的 20%，且带来巨大的负面效应，属于病坝范畴[8-11]。

2. 坝体未达预定安全指标或使用年限已超过设计使用寿命

随着使用年限的增加，因早期设计缺陷、施工质量差、管理维护差以及大坝老化，坝体结构破坏日趋突出。特别是气候环境恶劣地带的大坝，结构材料力学参数随时间出现明显下降，当下降到某个特定状态时，不再满足国家有关安全指标规定界限；另外，有些大坝使用年限超过原设计使用寿命。满足上述任何一条都就可以初步判定该大坝为病坝。美国目前拆除的相当数量水坝因年代久远而老化、破损，特别是建于 19 世纪末和 20 世纪初的水坝[10-12]。

3. 坝体带来明显的生态系统退化或水质安全问题

大坝给河流带来严重的物理效应，如大坝对河流的阻隔、水文影响、水库及河流形态的影响等；大坝引起严重的化学效应，如水质恶化、泥沙中有害物运输、温室气体排放、河流附近区域空气质量等；大坝带来严重的生态效应，如对水生态系统影响、对消落带（滨水）生态系统的影响、对陆生动植物影响；大坝是否具有绿色大坝特点。

一旦大坝对其中上述前三项中任意一项造成巨大影响，则大坝就可以归结为病坝。美国斯内克河（Snake River）上的 4 座大坝，严重阻隔了鲑鱼繁殖和洄游[13-15]。

4. 大坝带来的其他社会不良影响

大坝除发电外每年经济效益是否稳定、水库社会效益是否能满足当地经济社会发展、大坝是否威胁下游经济社会发展；大坝是否严重影响当地景观特色及文化建设；大坝是否影响当地民风民俗的开展，大坝修建是否遵循社会法律法规等，只要满足以上任何一条，也可以把该大坝归于病坝。美国西部科罗拉多河上有几座电站因为侵占当地印第安人领地而被拆除[16]。

3.3　病坝降等拆除决策步骤

一个好的决策模型必须综合考虑社会、经济、环境、工程等因素，目前已有的大坝拆除决策方法，例如，大坝拆除——河流修复的个人指南（Dam Removal—A Citizen's Guide to Restoring Rivers，River Alliance of Wisconsin and Trout Unlimited，2000），主要集中在拆除方案确定以后如何进行拆除，类似于拆除施工技术研究，而没有提出大坝拆除之前怎样来判定大坝是否要拆除。本章研究的重点主要集中在如何判断一个大坝为什么会被拆除，同时提出相关的决策步骤和需要考虑的重要问题[16-17]。

但实际上，许多已建的大坝其社会服务功能是多样的，不可能只考虑单一的因素，且大坝许多的效益和功能可以通过一定的抽象数学模型进行定量的计算，即可以用经济学原理进行计算。例如，大坝的多年发电效益可以逐步计算出来，同样的，大坝每年的运行管理费、清淤费也可以计算。然而，大坝危害带来的潜在社会影响无法直接用货币度量，而且这个危害随着时间的增长与日俱增。因此，对大坝目前效益和损失的研究十分重要。大坝拆除过程中最关键的环节就是如何正确评价各方面的经济利益，不仅要考虑大坝拥有者的利益，而更多的也必须兼顾当地人民的利益和环保效益，只有这样才能最终做出合理的大坝拆除决策。兴建大坝是为了兴利除害，而在进行大坝拆除时也必须做到兴利除害。

要想获得良好的决策模型，首先必须确定好目标，而目标的准确性则会为后来的大坝拆除提供正确引导方向。更重要的一点，该决策方法不仅能够让决策者综合比较大坝拆除前经济性、社会性、安全性和生态性等，而且一旦大坝被确定为立即拆除或者暂时保留以后再拆除情况下，如何提出一整套后期的修复和监测措施。

根据以上的论述，关于大坝拆除的决策模型可以被分为以下几个基本步骤：

（1）步骤一，确定大坝拆除最值得关心的问题。

（2）步骤二，针对列举问题收集资料。

（3）步骤三，确定主要的评价指标。

（4）步骤四，建立决策模型。

（5）步骤五，进行科学决策。

如果最终的决策结论得出需要拆除大坝，另外两个步骤也必须最终做出。

（6）步骤六，大坝立即拆除或者大坝先修复再拆除，或者根本不拆除。

（7）步骤七，拆除相关技术、后期资料收集，评价和监测。

大坝降等退役决策步骤流程图如图3.1所示。

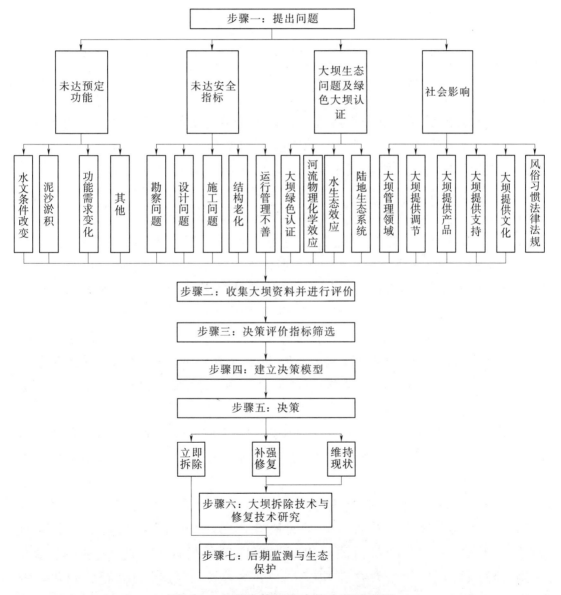

图3.1　大坝降等退役决策步骤流程图

3.4　决策中需要考虑的重要问题

1. 步骤一

为了评价一座大坝是否会被拆除，首要的就是针对大坝提出问题，因此必须考虑以下 4 个关键的问题[18-21]。

（1）该大坝是否满足建坝初期的预定目标？如建坝后河流自然属性被改变、流域内土地使用性质变化、泥沙淤积问题、经济发展对大坝提出的要求发生改变。

（2）是否存在安全隐患问题？如建坝初期地质、地形勘察是否存在问题，原大坝设计情况能否满足新的水文特性，大坝施工是否存在质量问题，使用多年后是否有人为或自然破坏，气候、环境等的变化是否加剧大坝的破损老化等。

（3）电站的设计寿命是否达到？若大坝使用周期很长，那么需要重新评估和审查大坝各种指标，最终确定大坝使用效果如何，如从经济角度推算大坝合理的经济使用寿命，从结构安全角度估算大坝的结构使用寿命等。

（4）绿色水电的鲜明特征就是在开发河流水电能源的同时必须兼顾环境与经济的协调发展，为此需要重点考察以下问题：

1）对满足建坝初期的预定目标进行判断，主要问题有[22-24]：①大坝拆除是否有利于濒危物种的恢复？②大坝拆除是否有利于防止河流中外来物种的入侵，或者是否有利于保护当地物种；③大坝拆除前水库泥沙的污染情况如何；④大坝拆除后泥沙能否有利于形成下游河滩；⑤大坝拆除会增加湿地面积还是减少湿地面积；⑥水文特征变化规律的探讨；⑦河流系统水体、泥沙、生物连通性问题；⑧河流泥沙淤积与水库管理的关系问题；⑨大坝与河流景观、生物生境的关系问题；⑩生物群落的分布、繁衍与大坝的关系问题。

2）安全隐患方面必须考虑以下问题：①大坝失事或者被拆除后是否引起显著的生命财产的损失；②大坝因老化和管理不善是否容易造成失事；③大坝老化、破损规律研究。

3）电站的设计寿命是否达到必须考虑以下问题：①发展与环保之间在法律文件和政府决策上是否有冲突的地方；②过分注重经济效益而忽略社会的、历史的和文化的价值观，出现这些问题如何应对；③现存大坝结构与整个流域管理之间是否存在冲突？④各大坝是否与当地政府、企业、农民之间签订相关服务的合同，一旦大坝拆除，如何补偿；⑤大坝拆除前后人们休闲娱乐的类型、方式是否发生显著改变；⑥大坝拆除前后人们的经济收入、日常生活是否发生显著改变；⑦大坝拆除对人们造成的直接和间接地理文化影响；⑧大坝拆除引起当地景观价值的改变有多大；⑨保留大坝需要的成本与建造替代项目所需成本进行比较；⑩保留大坝需要的成本与拆除大坝所需的成本进行比较；⑪大坝造成的损失随时间变化的规律是什么。

4）大坝社会效益及绿色大坝认证上需要考虑以下问题：①大坝每年的运行管理费包括哪几项；②单个大坝运行管理方法是否与整个流域管理相协调；③电站每年基于生态的最小流量如何确定；④电站基于生态的调峰目标如何确定；⑤基于生态的水库管理目标如何确定；⑥基于生态的泥沙管理与电站结构设计准则的确定。

2. 步骤二

依据前面的问题，就可以开展大坝评价之前的资料收集工作，在资料收集中需要慎重对待的问题是：哪些资料是最主要的，哪些资料则是次要的而可以忽略。

3. 步骤三

数据、信息等资料收集完毕后，需要筛选评价指标，确定哪些指标是主要影响因素，哪些指标是次要的因素。主要评价指标体系见表 3.1。

表 3.1　　　　　　　　　大坝拆除决策评价指标体系

潜 在 的 效 应		评 价 指 标
	河流水系的分割情况	河流自由流动的长度绝对改变量
	流域分割情况	流域内的水有多少可直接流向下游
	河道下游水文	下游洪水发生的频率和流量，如 100 年一遇的洪水（流量、历时）；年洪峰流量；每天的洪水变化规律等
	下游泥沙输送情况	每年泥沙量；最大泥沙产生发生的时期；每年悬移质的总量；每年推移质的总量；河床与河岸物质的平均粒径等
物理效应	下游河道地形的改变	目前河道的宽度；现有河道的形态（直线型、弯曲形或者混合型）；河道蜿蜒的程度；河漫滩及小岛分布情况；深潭、浅滩与急流分布情况；主河道泥沙沉积与退化的情况
	洪泛区形态的改变	洪泛区与主河道之间的连接度；洪泛区每年淹没的频率；每次洪泛区淹没的深度；每年淹没的面积与 100 年一遇大洪水时淹没的面积
	水库形态的改变	上游河流含沙量及每年入库量；上游土地侵蚀情况；水库附近湿地面积；库岸线的长度

潜 在 的 效 应		评 价 指 标
化学效应	水质	浑浊度；温度；pH 值；溶解氧水平；富营养水平、有毒物质、重金属、放射性物质、除草剂、杀虫剂等的聚集情况
	泥沙质量（水库与下游河道）	有机物含量；pH 值；富营养物质、有毒物质、重金属、放射性物质、除草剂、杀虫剂等的聚集情况
	空气质量	游客及轮船带来的污染；河流附近其他交通工具带来的污染
生态效应	水生态系统	水生态系统覆盖的面积；该流域内主要的水生生物数量、品种；本地及外来鱼的品种、数量；每年鱼的产量；濒危的品种
	消落带（滨水）生态系统	消落带生态系统的面积；消落带单位面积内植被数量；植物的品种；盛行植物的品种；本地及外来动植物的数量、品种；濒危的动植物品种
	陆地动物	本地及外来动物的品种、数量；濒危的品种；本地及外来鸟的品种、数量；濒危的品种
经济效应	电站经济情况	发电效益；大坝每年维护运行费用；拆除所需的费用；大坝修复和增加新功能的费用
	水库经济情况	供水；灌溉；防洪；航运；废弃物的处理；休闲娱乐、旅游等
	大坝下游经济情况	就业人口；水上运输；水土流失；植被湮没；移民；防洪设施的兴建；水产养殖等
社会效应法律法规	生命财产安全	大坝本身的结构安全；洪水造成的损失；供水、灌溉等保证率；设计、勘察、施工问题
	景观及文化价值	水库的美学与文化价值；天然河道的美学与文化价值
	其他一些非主要的考虑因素	当地与河流紧密联系的风俗习惯；动物保护与河流水电开发之间的争议；法律法规

　　结合大坝综合特点和我国大坝实际运行管理特点，将河流水文特性的改变、泥沙淤积、河流生态价值评估、大坝结构安全等作为研究的重点。

　　4. 步骤四和步骤五需要考虑的重要问题

　　建立合理的决策模型，并进行评价。本章基于河流上修建电站这一特点，提出大坝对河流服务功能影响的价值计算方法（计算主要围绕提供产品、支持功能、管理保障功能、调节功能及文化娱乐功能展开），同时考虑因使用年限的增长，大坝因老化、气候、水文等因素影响，坝体本身可靠性随荷载与抗力逐渐变化这一规律，从经济、安全、生态、社会等方面综合考虑大坝拆除决策模型。

　　5. 步骤六和步骤七需要解决的问题

　　决策结果出来后，就必须加以分析判定，若是立即拆除，则必须考虑采用什么方法进行拆除，拆除后的长期影响和短期影响会是什么，以及相关监测内容如何制定。

若是先修复，则必须分析哪种修复措施最合适，怎么计算修复工程的成本和带来的效益。

如果最终的意见是不拆除，则说明大坝目前存在的最主要问题是什么，根据主要问题提出相应建议和措施，帮助电站管理者如何延长经济使用的寿命，使大坝继续为社会服务。

3.5 本 章 结 论

结合大坝本身具有的社会、经济、安全、生态等特点，通过分析大坝不同的服务功能，建立了大坝拆除决策步骤流程图。该流程图由若干个决策步骤和相应关键问题及指标组成，这些决策步骤和关键问题有利于决策者很好地分析和收集相关资料、数据，同时流程图可以帮助决策者明确什么目标导致大坝拆除，拆除前什么是决策者最值得关心的问题。该流程图中涉及的关键问题，有利于决策者抓住主要因素，从而为大坝拆除作出公正客观的评价。而本章抓住的主要影响因素包括五大类：大坝提供产品的功能；大坝提供支持的功能；大坝管理保障功能；大坝提供调节的功能；大坝提供的文化娱乐功能。这五大类功能涉及经济、社会、安全、生态等一系列问题，具体计算将在后面的章节详细分析。

参 考 文 献

［1］ P 麦卡利．大坝经济学［M］．修订版．北京：中国发展出版社，2001．

［2］ 贾金生．世界水电开发情况及对我国水电发展的认识［J］．中国水利，2004.13：10－12．

［3］ The Heinz Center. Dam Removal Science and Decision Making［R］. Publishing by H John Heinz III Center for Science，Economics and Environment，2002.

［4］ 林初学．水坝工程建设争议的哲学思辩［J］．中国三峡建设，2006（6）：11－15．

［5］ 林初学．美国反坝运动及拆坝情况的考察和思考［J］．中国三峡建设，2005（6，z1）：44－57．

［6］ 贾金生．美国大坝管理中的焦点问题［J］．中国水利，2004（13）：21－45．

［7］ 潘家铮．建坝还是拆坝［J］．中国水利，2004（23）：26－26．

［8］ 杨小庆．美国拆坝情况简析［J］．中国水利，2004（13）：15－20．

［9］ Bednarek. The Ecology of Dam Removal：A Review of the Short － and Long － term

Ecological Benefits and Impacts of Dam Removal [R]. American Rivers, 1998.

[10] American Rivers. Dam Removal Costs [R]. Bringing Life to Rivers, 2005.

[11] The Aspen Institute. Dam Removal: A New Option for a New Century [R]. Published by the Aspen Institute, 2002.

[12] 王亚华. 反坝, 还是建坝？——国际反坝运动反思与我国公共政策调整 [J]. 中国软科学, 2005 (8)：33-39.

[13] 郭军. 浅谈美国退役坝的管理与我国水库大坝安全管理面对的新问题. http://www.chndaqi.com/news/28033.html, 2004 年 6 月 1 日.

[14] C R 唐纳利. 加拿大芬利森坝的拆除 [J]. 水利水电快报, 2006, 27 (4)：12-15.

[15] 水利电力科技. 美国《大坝及水电设施退役导则》简介 [J]. 2006, 32 (1)：42-45.

[16] 王正旭. 美国水电站退役与大坝拆除 [J]. 水利水电科技进展, 2002, 22 (6)：61-63.

[17] Inmaculada Riba, T Angel DelValls, Trefor B Reynoldson, Danielle Milani. Sediment Quality in Rio Guadiamar (SW, Spain) after a Tailing Dam Collapse: Contamination, Toxicity and Bioavailability [J]. Environment International, 2006 (5)：1-10.

[18] 险境中的河流. http://www.eedu.org.cn/Article/epedu/greeneyes/200504/4529.html.

[19] 何希. 水生生态系统和渔业 [J]. 当代中国研究, 1997 (3) 12-14.

[20] 汪恕诚. 论大坝建设与生态环保的关系 [J]. 中国三峡建设, 2004 (6)：3-10.

[21] 汪恕诚. 论大坝与生态 [J]. 水力发电, 2004, 30 (4)：1-4.

[22] 瑞士联邦水科学技术研究所, 美国低影响水电研究所. 绿色水电与低影响水电认证标准 [M]. 禹雪中, 等译. 北京：科学出版社, 2006.

[23] 彭辉, 刘德富. 病坝识别及其拆除决策步骤研究 [J]. 中国农村水利水电, 2009 (9)：101-104, 107.

[24] The Heinz Center. Dam Removal Science and Decision Making [R]. Publishing by H John Heinz Ⅲ Center for Science, Economics and Environment, 2002.

第4章

大坝对河流服务功能影响的价值评估方法

水作为一种特殊的资源，是支撑整个地球生命系统的基础[1-2]，水生态系统不仅提供了维持人类生活和生产活动的基础产品，还具有维持自然生态系统结构、生态过程与区域生态环境的功能。随着经济的飞速发展、人口的急剧增加，人类对水资源特别是河流水系的各种服务需求越来越高，而水资源量是有限的，不同的水资源利用往往相互冲突、相互竞争。在我国，许多地区因水电资源过度开发，忽视生态系统的需水要求，以及河流的生态服务功能，导致河流断流、湿地丧失、区域生态环境退化、生物多样性受到威胁，如何协调河流水资源的直接利用和维持水的生态服务功能已成为水利工程建设与管理所面临的挑战。对河流生态系统的各项服务功能的定量评价有助于全面地认识水能开发的价值，科学合理地利用水资源，达到水资源利用的生态效益和经济效益最优化，对水资源保护及其科学利用具有重要意义；同时，水生态系统服务功能价值评价又是水资源纳入国民经济核算体系的前提，是进行水利建设和开发等宏观决策的基础。

国外对水资源效益的评价工作开展得较早，20世纪初，美国为了建立野生动物保护区特别是迁徙鸟类、珍稀动物保护区而开展了湿地及河流水系评价工作。20世纪70年代初，美国麻省马塞大学拉森（Larson）提出了湿地快速评价模型，强调根据湿地类型评价湿地的功能，并以受到人类活动干扰的自然和人工湿地为参照，该模型在美国和加拿大等国家得到广泛的应用，并进一步推广和应用到许多发展中国家。1972年，杨（Young）等就对水的娱乐经济价值进行了评价，以后有许多研究对不同河流的娱乐经济价值以及河流径流、水环境质量对娱乐经济价值的影响开展了评价。威尔森（Wilson）等对美国1971—1997年的淡水生态系统服务经济价值评估研究做了总结回顾，其中大多数研究涉及河流生态系统的娱乐功能评估。此后，湿地生态经济效益评价得到广泛的重视，评价方法也取得了巨大进展，并为湿地生态系统的管理提供基础。在国内，对湿地效益的评价工作起步较晚，对湿地或湿地某一方面进行评价的工作目前刚刚起步，很多工作只是针对某一具体湿地中的某一具体要素进行评价，如对高寒湿地中牧草资源，三江平原湿地中泥炭资源、土壤资源，新疆博斯腾湖湿地中芦苇资源等进行的评价，对河流生态系统服务功能的研究较

>63

少，关注水电开发工程对河流生态系统服务功能及其价值影响的研究则更少。本章着重就水电开发对河流生态系统服务功能影响的评价方法进行探讨，在已有研究的基础上提出河流生态系统的几种主要的生态服务功能价值评估计算方法。

4.1　评　估　思　路

科斯坦萨（Costanza）负责的研究小组在大量文献调研的基础上[3-4]，对全球 16 种生态系统类型所提供的 17 种不同类型的服务功能进行价值核算并求和，根据各类生态系统服务功能单价和面积计算出了全球生态服务功能总价值，并于 1997 年 5 月在《自然》上发表了这一成果。

然而，水电开发对河流生态系统服务功能的影响是复杂的、多方面的，大坝修建后对其相关生态服务功能价值影响的最终结果可能表现为正面影响或负面影响，即正效益或负效益。因此，采用计算"流量"的估算方法、影子价格法和恢复费用法，直接计算水电开发前后河流生态服务功能价值的变化量来对水电开发对河流生态系统服务功能的影响进行评估。

4.2　建坝河流生态系统服务功能的分类

进行服务功能分类是评价生态系统服务功能的前提，也是建立服务功能评价指标体系的基础。合理的生态系统服务功能分类将有助于认清生态系统服务的作用机制和控制因素，为保护生态环境提供科学的依据。因此，根据前人对其他生态系统服务功能的分类，结合河流提供的生态服务特征，将河流生态系统的服务功能分为提供产品、支持功能、管理及保障功能、调节功能和文化娱乐五类[5]。

1. 提供产品

提供产品指河流生态系统直接提供维持人的生活生产活动，以及为人类带来直接利益的产品或服务，包括食品、渔业产品、加工原料等，以及人类生活及生产用水、水力发电、灌溉、航运等。

2. 支持功能

支持功能指河流生态系统具有维护生物多样性、维持自然生态过程与生态环境条件的功能，如保持生物多样性、保持土壤、保持初级生产力和提供生境等。自然河流生态系统是由陆地和水体共同组成的相对开放的生态系统。河流周围的陆地植被构成了河流生态系统的重要部分。这一地带良好的自然条件为野生生物的生长发育提供了理想的生活环境。河口三角洲湿地生态系统是河流、陆地与海洋连接的纽带，它是地球上生物最丰富、生物生产量较高的生态系统之一，是主要的水禽栖息地。但同时，这一地带也可能是人口最稠密的地区之一，大量人口的生产与活动，容易引起当地植被减少，增加水土流失。因此在沿河两岸需要进行人工修复，恢复河道的自然属性。凡此种种，均显示河流生态系统具有维护生物多样性、维持生命过程的多种生态功能。

3. 管理及保障功能

大坝结构建在河流上，成为河流生态系统的一个组成部分，而大坝结构本身是否安全直接影响上下游河流生态体系和周边社会经济发展，而大坝本身的安全与运行维护息息相关，因此对大坝需要日常维护和检修，包括土建、金属、电器、绿化等。

4. 调节功能

调节功能指人类从河流生态系统过程的调节作用中获取的服务功能和利益，如水文调节、河流输送、侵蚀控制、气候调节等。河流生态系统的调节功能是由于河流沿岸的植被和下游的湿地能够对水文过程、缓冲洪水、控制侵蚀进行自动调节，保持和肥沃土壤，因而使河流生态系统具有重要的调节功能。

5. 文化娱乐

文化娱乐指河流生态系统对人类精神生活的作用，带给人类文化、美学、休闲、教育等功效和利益，包括美学价值、文化遗产价值、休闲旅游、教育科研、文化多样性等。不同的河流生态系统孕育着不同的地域文化和宗教艺术，如尼罗河孕育的埃及文明；黄河、长江孕育的中华文明。同时河流还孕育了多姿多彩的民风民俗，由此也直接影响着科学教育的发展。因此，河流生态系统的文化和美学功能对于人类的精神生活具有重要的作用，带给人类巨大的文化和美学及教育功益。

4.3 评估方法与价值计算[6-9]

4.3.1 提供产品功能类

1. 提供粮食生产

水电开发工程的兴建扩大了水域，导致河岸部分生产用地（主要为耕地）

被淹没而丧失提供粮食的功能，水电开发工程淹没耕地导致生态系统提供粮食减少的价值，可以用单位耕地的年平均产值和淹没的耕地面积的乘积表示，即

$$V_粮 = P_粮 S_耕 \tag{4.1}$$

式中　$V_粮$——淹没耕地粮食生产损失的价值；

$P_粮$——单位耕地的粮食平均产值；

$S_耕$——淹没的耕地面积。

2. 渔业生产

拦河坝的兴建，阻隔了鱼类的洄游路线，引起鱼类数量的改变（影响因素包括河流连续性被破坏、生物栖息地改变、繁殖地改变、水文特性变化、低温清水下泄、水体掺气过饱和等），水电开发对提供鱼类产品的影响可以用电站建成后鱼类年产量减少的价值损失来表示，即

$$V_鱼 = P_鱼 Q_{鱼下} - P_鱼 Q_{鱼上} \tag{4.2}$$

式中　$V_鱼$——渔业生产损失的价值（值可正、也可负）；

$P_鱼$——鱼价；

$Q_{鱼下}$——大坝下游鱼类年产量的损失量；

$Q_{鱼上}$——大坝上游鱼类年产量的增加量。

3. 发电

水电工程实现河流的发电功能，发电效益可用电价与年发电量的乘积来表示，即

$$V_电 = P_电 Q_电 \tag{4.3}$$

式中　$V_电$——每年电站发电价值；

$P_电$——电价；

$Q_电$——年发电量，年发电量因受水文特性改变和水库泥沙淤积影响而逐年下降。

4. 供水

河流上筑坝后，提高了河流水位，改变了河流原始的取水状态，降低了抽水扬程，提高了供水保证率，增加了供水量，因此，河流生态系统为人类供给工业生产用水和生活用水的能力得以提高。供水的效益可用供水减少抽水扬程的增值来表示，即

$$V_水 = P_水 Q_水 \tag{4.4}$$

式中　$V_水$——每年大坝供水价值；

$P_水$——水位提高后每立方米取水减少抽水扬程的费用；

$Q_水$——多年平均取水量。

5. 灌溉

自然河流生态系统灌溉农田的功能十分有限，水库工程的修建增大了河水的灌溉能力，使灌溉面积扩大，灌溉保证率得到提高，可以保证农业用水。灌溉的效益可用保证灌溉的耕地产值的增值来表示，即

$$V_灌 = \alpha P_粮 S_灌 \qquad\qquad (4.5)$$

式中　$V_灌$——每年大坝灌溉效益；

　　　$P_粮$——单位耕地的粮食平均产值；

　　　$S_灌$——保证灌溉的耕地面积；

　　　α——灌溉的效益分摊系数。

6. 航运

水位的提高增强了河流的航运能力，其增值可以用改善航道长度与节省的单位运输费用的乘积来表示，即

$$V_航 = \beta P_运 DQ_货 \qquad\qquad (4.6)$$

式中　$V_航$——每年航运效益；

　　　$P_运$——节省的单位运输费用；

　　　$Q_货$——年货运量；

　　　β——水环境状况改善后新增的航运效益的分摊系数；

　　　D——改善的航道距离。

4.3.2　支持功能类

1. 有机质生产

生态系统的生物生产力是生态系统支持功能的表现特征。水电开发在某种程度上或多或少地破坏河流生态系统的格局，结构的变化导致植被生产能力的改变。在初级生产力中，植物的根、茎不直接为人类提供粮食，但可以作为生物质能提供能量来源。对这部分初级生产力生产有机质价值计算，采用秸秆生物发电所产生的经济效益进行，即

$$V_{植物} = P_电 E_{植物} Q_{植物} \qquad\qquad (4.7)$$

式中　$V_{植物}$——初级生产力生产有机质的价值损失；

　　　$P_电$——电价；

　　　$E_{植物}$——单位有机质的年发电量；

　　　$Q_{植物}$——有机质的损失量。

2. 水土流失

水电开发工程的基础开挖、土石方堆放、围堰填筑及拆除、土坝防护堤建设等均会损坏地表土壤和植被，破坏原地面的汇、排水条件，诱发水土流失。这里采用恢复费用法对水土流失造成土壤保持服务功能价值的损失进行估算，即

$$V_{\pm} = P_{\pm} S_{\pm} \tag{4.8}$$

式中　$V_{\pm}$——水土流失的价值损失；

$P_{\pm}$——治理单位水土流失面积的费用；

$S_{\pm}$——新增的水土流失面积。

3. 防洪堤防及生态修复

因修建拦河大坝，大坝上游水位必然上升，引起土地淹没和水土流失，同时造成新的地质灾害，如滑坡、地震等，因此库区每年需要修建新的堤防、护坡等设施增强坡体的稳定性；而在水库下游，为了防止清水下泄，冲蚀下游岸堤，也需要对堤防、护坡等提高防洪标准，因此这部分损失价值采用恢复费用法进行计算，即

$$V_{防} = P_{防} S_{防} \tag{4.9}$$

式中　$V_{防}$——水库诱发的自然灾害价值损失；

$P_{防}$——治理自然灾害的单价；

$S_{防}$——新增的灾害损失需要修复的工程量（主要为各种填方和挖方）。

4. 物种消失

因修建大坝，引起河流物理、化学、生态等一系列效应，很多效应对物种繁殖带来灭顶之灾，尤其对某些濒危物种，要特别注意大坝带来的负面效应，而这部分损失通常无法用定量的数学表达式来描述，但可以通过专家打分或进行社会效益评估，估算濒危物种一旦消失后其价值到底多大，这里用 $V_{物}$ 来代表物种消失造成的价值损失量。

5. 生态栖息地价值

生态栖息地价值主要针对湿地而言。大坝修建后，上游水位升高，下游水位降低，原河流附近区域的天然湿地面积将发生很大改变。当然，新的水库形成后，上游湿地面积可能增加，然而下游湿地则会绝对减少，毕竟水库能使下游水流趋于平稳，不像自然河流形成周期性大洪水，因此洪泛区面积大大减少，而往往洪泛区拥有大面积湿地。因此，根据环境部门以往和目前湿地统计的资料，同时结合湿地每亩社会效益 $P_{生}$（元/亩），可以计算生态栖息地面积

变化带来的价值，即

$$V_生 = P_生 S_上 - P_生 S_下 \tag{4.10}$$

式中 $S_上$、$S_下$——上游增加的湿地面积和下游减少的湿地面积，亩，$V_生$ 的结果可正可负。

4.3.3 大坝管理保障功能类

大坝能安全运行得益于日常的结构设备维护和良好的运行管理，相应的维护费用为 $V_结$ 和 $V_运$，其费用的多少可以通过计算也可以通过调查获得，在数值上 $V_结$ 应该与大坝结构失事风险 RD 相等，其物理意义为：若不进行修理，大坝会发生结构老化或损坏引起损失，只有每年进行一定的维修才能弥补这一损失。而大坝运行管理费 $V_运$ 可通过电站管理运行定额或者多年实际运行费除以运行时间获得（这里不计大坝清淤费用，后面单独计算），即

$$V_维 = V_结 + V_运 = RD + V_运 \tag{4.11}$$

式中 RD——大坝失事后造成的可能最大洪水灾害损失。

一般而言，RD 数值比未建坝河流发生历史最大洪水造成的洪水灾害要大。RD 的数值随时间逐渐增大。

4.3.4 调节功能类

1. 调蓄洪水

水电工程建设改变河流的自然水文过程，水库巨大的库容可以蓄洪调枯，控制洪水。水库调蓄洪水的效益可以利用其保护农业不受损失的价值来进行估算，即

$$V_调 = \eta P_粮 A_R R \tag{4.12}$$

式中 $V_调$——水库调蓄洪水的价值；

$P_粮$——单位耕地的粮食平均产值；

A_R——单位库容保护的耕地面积；

R——水库的防洪库容；

η——调蓄洪水的效益分摊系数。

2. 坝前附近进水口淤积

自然河流有输送泥沙的功能，修建水库之后，泥沙在水库中淤积，减少水库的库容，且严重影响电站进水口的输水能力。可以用恢复费用法计量进水口附近泥沙淤积造成的价值损失，即用人工或机械清除泥沙淤积和拦污栅结构，即

$$V_{沙} = P_{沙} \, \gamma_{沙} \, V_{清} \tag{4.13}$$

式中　$V_{沙}$——泥沙淤积的价值损失；

　　　$P_{沙}$——每吨泥沙的清除费用；

　　　$\gamma_{沙}$——泥沙干容重；

　　　$V_{清}$——泥沙的年平均淤积量，实际上这部分费用可以累加到 $V_{运}$。

3. 水质净化

拦河大坝的阻碍使库区内的水位抬高，水流变缓，水体对污染物的稀释、扩散、迁移和净化能力将下降，影响了河流的自净功能。水质净化能力下降，污水处理量减少，假定由污水处理工程处理这部分污水，水质净化功能的价值损失用污水处理成本来表示，即

$$V_{废} = P_{废} \, Q_{废} \tag{4.14}$$

式中　$V_{废}$——水质净化的价值损失；

　　　$P_{废}$——污水处理厂处理单位污水的成本；

　　　$Q_{废}$——净化能力下降而减少的处理污水的量。

4. 温室气体排放

修建大坝一方面增加当地电力能源供应，减少石化燃料特别是煤炭消耗量；另一方面，水体淹没大量植物（包括树木、草地等），这些植物在水体中腐烂会产生有害气体，当然也包含相当数量的温室气体。因此，温室气体排放引起的效益和损失包括上述两个方面：一方面，发电节省煤的消耗，这部分价值为正；另一方面，水库修建淹没植物，而每年新产生的温室气体主要来源水库消落带范围内植物腐烂的结果，这部分价值为负。因此上述计算分两步：根据目前我国计算方法，1t 标准煤可折算为 7560kW·h 电，因此大坝电站每年发电量折算成煤的总量为 $E_{电}/7560$（t），当煤中碳的含量为 95% 时，1t 标准煤充分燃烧可释放 3.48t CO_2，因此减少温室气体排放的效益为每吨煤的价格乘以节约的煤总重量，即

$$V_{煤} = P_{煤} \frac{Q_{电}}{7560}$$

另一部分结合式（4.7）的计算方法，根据消落带每年有机质损失量 $Q_{消}$，计算发电量 $E_{消}$，同样折算煤炭数量 $E_{消}/7560$（t），所以这部分计算如下

$$V_{消} = P_{煤} \frac{E_{消}}{7560}$$

而该部分增加了温室气体排放。于是总的价值为

$$V_温 = P_煤 Q_煤 - P_煤 Q_消 = \frac{P_煤 Q_电}{7560} - \frac{P_煤 E_消}{7560} \tag{4.15}$$

4.3.5 文化娱乐功能

1. 旅游价值

水电开发改变了周围的自然景观。一方面，蓄水后一些水库可能会开发成为旅游区，提高河流的文化娱乐价值；另一方面，开发建设也可能淹没周围的景观、风光和古迹，可能会破坏生态环境提供给人类的舒适性服务。对河流文化娱乐功能的影响可以用旅行费用法等环境经济学的价值评估方法，即

$$V_旅 = P_旅 Q_旅 \tag{4.16}$$

式中　$V_旅$——文化娱乐功能增加的旅游收益；

$P_旅$——旅客每人次旅行的平均支出；

$Q_旅$——旅游人数的年增加量（结果可正可负）。

2. 文化教育价值

一般而言，河流两岸自古就是经济文化较发达的区域，因此沿河两岸会存在较多的历史文化景点，特别是一些古代较著名的建筑。一般大坝修建，很可能这些建筑会被淹没，因此需要拆迁保护，更有甚者，一些来不及搬迁和未被发掘的历史文物将永沉水底，而这部分文物的价值需要当地考古方面的专家学者进行估算和预测，给出损失的价值量，即为文化教育损失价值 $V_文$。

4.4　总评估结果

根据上述评估方法的 18 种价值计算，可以定量得出建坝后大坝系统每年带来的效益和损失，具体计算如下：

每年效益：　$B_a = V_水 + V_灌 + V_电 + V_航 + V_调 + V_旅 + V_生 + V_温$ $\tag{4.17}$

每年损失：$D_a = V_粮 + V_鱼 + V_植物 + V_土 + V_防 + V_维 + V_沙 + V_废 + V_物 + V_文$ $\tag{4.18}$

式（4.17）和式（4.18）计算的结果均按年价值和损失进行计算。

4.5　本　章　结　论

在上述服务功能的计算过程中，许多指标需要调查才能获得。然而有些指标通过调查还远远不够，必须从本质上了解这些指标，如发电效益、泥沙、大坝日常维护费用等。大坝修建不仅会影响河流流态，而且随着经济发展，河流

71

两岸的工农业用水也会随之改变，这势必影响河流原有的水文特性和电站后来发电效益；无论大坝的筑坝材料是混凝土或者是土石，随着大坝使用年限的增长，其各项物理力学指标将逐渐发生变化，加之环境状况不断恶化，各种侵蚀性的化学物质也会加剧大坝老化，最终造成结构老化、损坏，因此有必要研究大坝结构损失随时间变化的特点；水库中的泥沙也是动态的指标，由于水库每年的来沙量不同，因此必须计算长期淤积量才能准确计算水库每年需要清淤的数量以及泥沙淤积引起水库有效库容变化等因素。只有这样，才能获得真实的计算依据，才能对大坝的保留还是拆除作出科学决策。

<h1 style="text-align:center">参 考 文 献</h1>

［1］　栾建国，陈文祥．河流生态系统的典型特征和服务功能［J］．人民长江，2004，35（9）：41－43．

［2］　祁继英，阮晓红．大坝对河流生态系统的环境影响分析［J］．河海大学学报（自然科学版），2005，33（1）：37－40．

［3］　鲁春霞，谢高地，成升魁．河流生态系统的休闲娱乐功能及其价值评估［J］．资源科学，2001，23（5）：77－81．

［4］　Costanzar. The Value of the World's Ecosystem Services and Natural Capital［J］. Nature，1997，387：253－260．

［5］　莫创荣，李霞，陈新庚，王树功．水电开发对河流生态系统服务功能影响的价值评估方法与案例研究［J］．中山大学学报（自然科学版），2005（11）：250－253．

［6］　陈文祥．水库建设对生态资产的影响及其评价［J］．水利发展研究，2005（10）：8－13．

［7］　欧阳志云，赵同谦，王效科，苗鸿．水生态服务功能分析及其间接价值评价［J］．生态学报，2004，24（10）：2091－2099．

［8］　徐中民，程国栋，王根绪．生态环境损失价值计算初步研究——以张掖地区为例［J］．地球科学进展，1999，14（5）：498－504．

［9］　彭辉，刘德富．大坝对河流服务功能影响的价值评估方法［J］．华中科技大学学报（自然科学版），2010，38（1）：125－128．

第5章
大坝对发电效益影响的评价研究

5.1 概　　述

尽管大坝在生产活动和经济生活中发挥了重要作用，但同时也改变了本地区原有河流天然径流特性，使原有径流过程发生了较大变化。建完大坝，为了充分发挥大坝效益，上游水库承担着巨大的调蓄、调洪能力，通过调节，下游径流量显著改变，上游水面扩大蒸发量增加，水库水位越高，渗漏的可能性也就越大；大坝修建也影响着局部气候，使得降雨量可能增加。电站建成后，巨大的效益带动着整个上游流域周边社会经济发展，而人口的增加和工农业发展显著改变了原有土地的利用性质和地表覆盖特点，特别是沿河周边许多湿地面积发生改变，再加上日趋增长的用水量，势必会严重影响上游天然河流入库径流量的大小，并最终影响上游洪峰流量的改变、可利用径流量改变，进而降低发电效益。

各地方政府在制定水资源合理开发利用规划、国土整治规划、国民经济发展规划、水资源持续利用研究及生产指挥、科学决策等方面，都需要准确地了解本地区河流的天然径流信息[1-2]。然而，在具体操作过程中，往往直接从当地水文监测单位找来相应的多年水文系列资料进行规划设计，这些水文资料其实很多是在未修建水电站之前监测的结果，未考虑修建水电站之后河流径流量已经发生了显著的改变。事实上，未修电站之前，可以直接引用历史水文资料进行规划，而修建大坝后，水文站所测资料与以往资料之间存在差异，不仅在量上有差异，有时还可能引起流量分布概型的改变，差异的来源主要与大坝调节和发电功能密切相关，因此不能直接引用，需要用建坝后的水文资料推算出未建坝状态下的水文资料，这就是水文还原。目前国内外在水文还原上研究最多的是进行径流量的还原，通常认为，一条河流的年径流量来自于某一个随机总体。然而事实上，随着人类活动的加剧，建坝前后的径流量可能不是来自同一个随机总体，例如，枯水年工农业、生活用水反而会增加，而丰水年往往农业用水却大大减少。因此，有必要研究每年受工农业及生活影响的径流量，再对水文系列进行还原，找出天然径流量与还原量之间的内在关系和分布特点。与建坝前相比，建坝后，随着人口的增长和经济的发展，土地利用效率和性质发生变化，许多林地逐渐减少，代之以退耕还林或兴建基础设施或城镇，部分农业耕地被占用，而灌溉条件改善使耕种面积又可能增加，水面增大蒸发量增加，这些因素都再次影响着上游河道天然径流量的大小。因此，必须找到建坝后这些影响因素发生改变的情况下相应每年耗水的改变量，才能正确评价兴建大坝如何改变河流的水文特性。

另外，由于天然河流具有自动调节和适应功能，泥沙冲淤多基本接近平衡[3]。修建水库很大程度地改变了这种自然平衡状态，水库淤积和重新建立新的平衡是一个长期的过程，给上下游带来长期、深远的影响。虽然水库的兴建历史久远，但多沙河流水库泥沙淤积仍是一个突出问题。长期以来，水库淤积损失了大量的有效库容。大坝能产生的经济效益在很大程度上取决于水库有效库容的大小，一般而言，有效库容越大，水库可调节用于发电的流量就越大，水电站的总经济效益就会越大。国内外研究现状表明：许多水电站经济效益正日益受到泥沙淤积的威胁，特别是在多泥沙的河流上。

全球范围内每年由于泥沙淤积水库库容的损失率约为 1%，相当于 500 亿 m³ 的年库容损失率。美国的年平均库容损失率为 0.22%，津巴布韦超过了 0.5%，摩洛哥约为 0.7%，土耳其约为 1.2%。据统计，截至 1981 年，我国水库总淤积量达 115 亿 m³，占统计水库总库容的 14.2%，年平均库容损失率达 2.3%，高于世界上其他国家。山西桑干河上的册田水库，1960—1983 年间淤积总量竟占总库容的 102.5%。黄河青铜峡水库从 1967 年 4 月蓄水运用至 1996 年 12 月，总库容损失近 95.8%。盐锅峡水库 1961 年蓄水，至 1998 年总库容损失约 85.2%，兴利库容损失 50.8%。甚至在含沙量较低的珠江流域也不同程度地存在水库泥沙淤积问题，有时还可能成为工程设计成败的关键。可见，我国目前状况下水库泥沙淤积的严重性是不容忽视的[4]。

人类社会的进步对水库调节的要求日益增加。越来越多的需求从满足基本生活供水逐渐发展到需要提供防洪、发电、灌溉、供水、航运、旅游等功能。当今社会的稳定和经济的发展，对水库的依赖程度与日俱增，如长江、黄河等大江大河的防洪问题一直是我国的心腹之患。而近几年全国大范围的电力短缺阻碍了国民经济的快速发展，严重影响了人们的正常生活。对于广大水资源缺乏的地区而言，水库供水可能是生产、生活的主要水源。过去，由于水库泥沙问题没有得到足够重视，随着水库运用库区淤积日益严重，水库库容日渐损失；而随着可供开发的优良坝址逐渐减少，无疑加剧了水库利用与需求的矛盾。

特别是在多泥沙河流上修建水库后，由于水库壅水作用，抬高了河床水位，改变了天然输水输沙条件，引起水量重新分配、泥沙在库区淤积和回水上延等一系列问题，使水库兴利效益受影响。为了减少泥沙危害的影响，国内外专家研究了不同种类的泥沙清淤方案和方法，但其根本的任务就是如何清除掉每年入库而占据有效库容的那部分泥沙量，死库容内的泥沙则通过运用合理的水库调度方案达到局部冲淤平衡。因此，亟须依据河流和电站的运行特点，在弄清楚水库泥沙淤积规律的基础上，找出泥沙淤积过程对水库发电效益的响应过程。要解决上述问题，首先必须正确模拟和计算水库泥沙淤积过程，其次找出泥沙淤积过程与有效库容变化过程之间的关系，最后找出泥沙淤积与发电量之间的关系。本章基于上述问题，首先研究建坝河流水文特性对发电效益的影响，然后根据不平衡输沙原理导出水库泥沙淤积的一维数学模型[5]，并用于实际水库来研究泥沙淤积对发电效益的影响，最后将两者结合起来，找出影响电站发电效益的主要因素。

5.2　河流水文特性改变产生的影响及其评价

5.2.1　径流还原方法概述[6]

在实际应用中，河流天然径流量的还原计算目前常用蒸发差值法、降雨径流关系法、水文模拟法（新安江模型）、分项调查法、经验公式法等。

1. 蒸发差值法

蒸发差值法适用于时段较长情况下的还原计算，还原时可略去流域蓄水量的变化，还原量为人类活动前后流域蒸发的变化量。使用时，要注意流域平均雨量计算的可靠性、蒸发资料的代表性和蒸发公式的地区适用性。

2. 降雨径流关系法

降雨径流关系法是根据一个断面以上未受人类活动影响（或影响很小）的降雨、径流资料建立降雨径流关系，通过建立的降雨径流关系和估算年份的降雨资料计算天然年径流量的一种方法，又称降雨径流相关法。

3. 水文模拟法

水文模拟法的模型结构是产流结构，理论依据是产流理论。在我国湿润地区可以采用新安江模型，因此有较强的物理和理论基础。水文模拟法是以日为时段的日径流过程，还能较其他还原方法提供更多的信息资料，如年径流总量、多年平均径流量、月径流量等。

4. 分项调查法

分项调查法就是逐项还原断面以上未实测的水量，加上断面实测径流量，还原成断面天然径流量。分项调查法以流域的水量平衡为基础，充分利用实测与调查资料，具有较高的精度和良好的使用效果，但是对调查资料的准确程度有一定的依赖性。然而，现状条件下要获取大量可靠的调查资料（如中小型水利工程的拦蓄利用水量、提引灌溉水量等）绝非易事。

5. 经验公式法

先建立需要计算的水文特征值与其他水文特征值、某些地理参数之间的经验关系，以推求工程设计所需要的设计水文特征值，资料多以调查获得。

在总结各种常见方法的基础上，本章以传统的分项还原法理论为基础，结合流域水文特性，提出了改进的分项调查法，该方法以水量平衡为原理，考虑多种计算指标，方法易于运用和实施。

5.2.2 改进的分项调查法理论[6]

5.2.2.1 基本理论及计算公式

河流径流还原的方法很多，但实际进行计算时，通常根据一个闭合的流域内水量是否平衡这一原理进行描述。在一个闭合的流域内，建坝后控制断面天然的年径流量等于控制断面实测的径流量加上控制断面以上各项还原水量（而建坝后各项还原结果主要与经济发展、人口增长、土地利用性质、林地数量、蒸发、渗漏等相关），只要计算出每年各种因素的消耗水量，就可以计算建坝后河流实测径流与天然径流的关系，于是其平衡方程可以写为（计算中统一采用 mm 单位）[7-9]

$$W_{天然}=W_{实测}+W_{农耗}+W_{工耗}+W_{生活}+W_{库蒸}+W_{渗漏}+W_{林地}\pm W_{引水}\pm W_{分洪}$$

即
$$W_{天然}=W_{实测}+W_{还原} \tag{5.1}$$

式中 $W_{天然}$——控制断面还原后天然径流量，mm；

$W_{实测}$——控制断面实测径流量，mm；

$W_{农耗}$——每年农业耗水量，主要考虑水田的耗水量，mm；

$W_{工耗}$——每年工业耗水量，mm；

$W_{生活}$——每年生活耗水量，mm；

$W_{库蒸}$——每年水库、闸坝库区水面蒸发与陆面蒸发差值，mm；

$W_{渗漏}$——每年水库、闸坝渗漏量，若渗漏已被断面实测则不计，mm；

$W_{引水}$——每年跨流域引水及分洪量，引出取正号，引入取负号，mm；

$W_{分洪}$——每年河道分洪决口水量，分出取正号，分入取负号，mm；

$W_{林地}$——每年林地耗用水量，mm。

以 $W_{天然}$ 为例，要把 mm 单位化为 m^3/s，计算过程为

$$Q_{天然} = \frac{W_{天然}F \times 10^6}{1000 \times 365 \times 24 \times 3600}$$

式中 F——流域总面积，km^2。

其他指标依次类推可以转换成以 m^3/s 单位。

5.2.2.2 各项指标计算

1. 工业耗水量 $W_{工耗}$

工业用耗水量为工业取水量与工业废水入河排放量之差。其值包括两部分：生产厂家在生产过程中被产品带走的水量，称为用水消耗；另一部分是工业废水在排放过程中因渗漏和蒸发而损耗的水量，称为排水消耗量，即

$$W_{工耗} = W_{取水} - W_{废排} = W_{用耗} + W_{排耗} \tag{5.2}$$

式中 $W_{取水}$——工业用水取水量，mm；

$W_{废排}$——工业废水入河排放量，mm；

$W_{用耗}$——工业用水消耗量，mm；

$W_{排耗}$——工业废水排放消耗量，mm。

事实上，目前我国工业废水排放入河并没有详细的观测资料，且工业废水、生活污水和雨洪径流往往交织在一起，很难区分入河排放量的确切数据。为解决该问题，结合用水指标的含义和各项水量之间的水平衡关系，提出如下方法进行估算

$$W_{排放} = W_{取水} \frac{1 - \alpha_0(1 - \eta_i)}{1 - \eta_0} \tag{5.3}$$

$$W_{废排} = W_{排放}(1 - \lambda) \tag{5.4}$$

其中

$$\alpha_0 = \frac{W_{用耗}}{W_{取水}}$$

$$\lambda = \frac{W_{排耗}}{W_{排放}}$$

式中 $W_{排放}$——工业废水排放量，mm；

α_0——调查起始年用水消耗率；

η_0、η_i——调查起始年、还原年的工业用水重复利用率，结合不同工厂的废水使用率来确定，大中型厂矿该系数达到 75% 左右，而小型的厂矿则相对较低，一般 40%～50%；

λ——工业废水在入河过程中的渗漏、蒸发损失率；若明渠排水 $\lambda = 0.2 \sim 0.3$，若用管道取水则 $\lambda \approx 0$。

将式（5.3）和式（5.4）代入式（5.2）得到

$$W_{\text{工耗}} = W_{\text{取水}} \left[1 - \left[1 - \alpha_0 \frac{1-\eta_i}{1-\eta_0} \right] (1-\lambda) \right] \quad (5.5)$$

上述计算方法较精确，但是计算参数必须选取准确。本章结合我国目前工业耗水的特点，提出 $W_{\text{工耗}}$ 的另外一种计算方法。因大坝修建，电能和工业用水得到改善和保证，引起流域经济快速发展，因而每年工业产值逐年递增，而这需要消耗更多的水量。即用每年工业生产总值乘以万元工业产值耗水量进行计算，则

$$W_{\text{工耗}} = V_{\text{工业}} P_{\text{耗水量}} \quad (5.6)$$

式中　$V_{\text{工业}}$——每年工业生产总值，万元；

$P_{\text{耗水量}}$——每万元工业产值耗水量，通常取 $P_{\text{耗水量}}=30\text{t}/\text{万元}$。

2. 生活耗水量 $W_{\text{生活}}$

生活用水包括农村生活用水和城镇生活用水，其中城镇用水包括了城镇居民的日常生活用水和公共事业用水（包括行政事业单位用水、服务行业及公共设施、绿地以及道路浇洒等）等部分。农村生活用水包括农村居民日常生活用水和牲畜用水。

城镇居民的耗水量为取水量扣除废污水排放量和输水损失中的回归量。可以根据管网损失、工厂水平衡测试、居民区给排水调查等有关资料分析确定耗水率，间接推求耗水量；对于供排水资料齐全的城市，可进行城区的水量平衡分析直接估算耗水量，计算方法可以参考工业用水耗损量的计算方法。

农村居民和牲畜的用水定额较低，耗水率一般较大，可以根据给排水设施的条件选用耗水率，推求耗水量。

因此生活耗水量 $W_{\text{生活}}$ 为

$$W_{\text{生活}} = W_{\text{城镇生活}} + W_{\text{农村生活}} \quad (5.7)$$

式中　$W_{\text{城镇生活}}$——城镇生活耗水量，mm；

$W_{\text{农村生活}}$——农村生活及牲畜耗水量，mm。

参照工业耗水量的计算方法，也可以提出新的生活耗水量 $W_{\text{生活}}$ 计算方法。修建大坝，因人民生活水平的提高，卫生条件得以改善，人口出生率和增长率保持稳定，新增人口和牲畜也会消耗更多的水量。即用每年城镇、农村人口和牲畜数量乘以年均耗水量进行计算，即

$$W_{\text{生活}} = W_{\text{城镇生活}} + W_{\text{农村生活}} = V_{\text{城镇}} P_{\text{城镇}} + V_{\text{农村}} P_{\text{农村}} \quad (5.8)$$

式中　$V_{\text{城镇}}$——每年城市人口总量（人口年均增长率为 0.5%）；

$P_{\text{城镇}}$——城镇居民个人年耗水量，t/年；

$V_{\text{农村}}$——每年农村人口、牲畜总量（人口年均增长率为 0.7%，牲畜年增长率 1%）；

$P_{农村}$——农村居民个人、牲畜年耗水量，t/年。

3. 农业耗水量 $W_{农耗}$

农业耗水量指的是在农业灌溉过程中，因蒸发消耗和渗漏损失而不能回归到河流的水量，它占总还原量的比重很大。为渠首引水量减去综合回归水量，即

$$W_{农耗}=W_{渠引}-W_{综合}=W_{净灌}-W_{田回}+E_{渠损} \tag{5.9}$$

$$W_{净灌}=m_{净灌}F_{实灌}$$

式中　$W_{渠引}$——渠首引水量，mm；

$W_{综合}$——农田灌溉水综合回归水量，包括田渠下渗回归水量和田渠弃水量，mm；

$W_{净灌}$——农田灌溉净用水量，mm；

$W_{田回}$——田间下渗回归水量，mm；

$m_{净灌}$——农业灌溉净定额，mm/km²；

$F_{实灌}$——实际灌溉面积，km²；

$E_{渠损}$——渠系引水、输水过程中增加的蒸发及沿程损失量，mm。

实际的研究表明，$W_{田回}$ 和 $E_{渠损}$ 在很大程度上可以相互弥补和抵消，因此在计算中式（5.9）可以写成

$$W_{农耗}=W_{净灌}=m_{净灌}F_{实灌} \tag{5.10}$$

式中　$F_{实灌}$——农田每年实际灌溉面积，可能增加可能减少，km²。

在淮河以南地区，农田灌溉多以水田为主，水田灌溉耗水量占农田灌溉耗水总量的80%以上，因此合理确定水田灌溉用水定额是确定农业耗水量的关键。依据水量平衡原理有

$$m_{净灌}=m_{泡田}+E_{需水}+m_{渗漏}-P_{有效} \tag{5.11}$$

$$P_{有效}=P_{降雨}\eta_{有效}$$

式中　$m_{泡田}$——泡田期间用水量，mm/km²；

$E_{需水}$——水稻全生育期需水量，mm/km²；

$m_{渗漏}$——水稻全生育期田间渗漏水量，mm/km²；

$P_{有效}$——水稻生长期有效降水量，mm/km²；

$P_{降雨}$——灌溉期降水量，mm/km²；

$\eta_{有效}$——降雨有效利用系数。

以上各参数可以根据当地的气候、水文、地形等测定出来，因此农业耗水可以被估算出来。

所以，最终 $W_{农耗}$ 可以根据式（5.10）进行计算。

若灌溉条件改善，以往无法开发的土地也许能够得到开垦，这可能引起耕

地面积增加，另外城镇发展可能占据耕地，又会引起耕地减少。

4. 水库闸坝水面蒸发、渗漏损失计算 $W_{库蒸}$、$W_{渗漏}$

与建坝前相比，引水体表面积增加，蒸发量增大，当水库体积和表面积稳定时，可近似看成蒸发量每年保持不变。水库水面蒸发还原是因为水库闸坝形成了较大的水面，改变了下垫面的蒸发条件，计算公式为

$$W_{库蒸}=K(E_{水面}-E_{陆面})A_{水面} \tag{5.12}$$

式中　　K——单位换算系数；

$E_{水面}$——通常采用 E_{601} 蒸发皿观测值，mm；

$E_{陆面}$——陆面蒸发，可根据坝址以上流域面积多年平均降雨减去流域径流量折算出的降水量，二者差值即为陆面蒸发量，mm；

$A_{水面}$——水面面积，km^2。

闸坝渗漏损失主要指坝基、坝肩及周边渗漏三部分，坝基渗漏一般有实测资料，其他两项可根据水文地质条件进行经验估算，如其渗流量在断面实测径流中已实测到则不计此项渗漏。相关监测表明：随着全球气温变暖，蒸发量有逐年增加趋势。

5. 林地耗水量还原 $W_{林地}$

树林不仅能美化环境，而且具有显著涵养水源的特点，因此在计算林地还原水量时，应按下式进行计算

$$W_{林地}=m_{林地}F_{林地} \tag{5.13}$$

$$m_{林地}=E_{林需}+m_{林蒸}-P_{有效}$$

$$m_{林蒸}=K(E_{陆面}-E_{树林})$$

$$P_{有效}=P_{降雨}\eta_{有效}$$

式中　　$m_{林地}$——林地需水定额，mm/km^2；

$F_{林地}$——每年树林面积，km^2；

$E_{林需}$——树林年生育期需水量，mm/km^2；

$m_{林蒸}$——树林年生育期渗漏、蒸腾水量，mm/km^2；

K——单位转换系数；

$E_{树林}$——树林的蒸腾量，mm/km^2，可在树林中多放置一些 E_{601} 蒸发皿观测蒸发量；

$P_{有效}$——树林年生长期有效降水量，mm/km^2；

$P_{降雨}$——灌溉期降水量，mm/km^2；

$\eta_{有效}$——降雨有效利用系数。

于是，$W_{林地}$ 也可以按式（5.13）计算出来。这里，$F_{林地}$ 可增可减。人口

增长需要更多的土地养活人口，城市开发及兴修道路占用林地，因此林地多半逐渐退缩减少，从而蓄水量减少，但道路和城镇建设加剧降水蒸发，因为水体无法及时入渗。

6. 引水 $W_{引水}$

对引出水量的还原，渠首有资料的按实测引出量计算；无资料的则根据不同用户用水指标分析计算，如农业引水按毛灌溉定额乘以实际的灌溉面积计算，工业引水按工业产值乘以工业用水定额计算。

跨流域引入水量以退水进行计算。有退水资料的按实测量计算，无资料的则根据引入量减去用户耗损量计算。

7. 河道分洪决口和滞洪水量的还原 $W_{分洪}$

河道分洪决口是临时性措施，还原次数较少，一般通过调查决口资料采用水力学中宽顶堰流公式进行计算，根据决口时间勾绘决口流量过程曲线，求决口还原水量。对无资料的地区也可以采用次降雨径流关系法、涝水蒸发损失计算（涝水面积乘以水面蒸发）。

5.2.3 案例

某电站水库位于长江中下游地区，电站以上河流的集雨面积 $8983km^2$，大坝多年平均工作水头为 95m，流域内河渠纵横，植被良好，农作物以水稻为主。该区域属典型的亚热带季风气候，四季分明，降雨充沛，多年平均降雨量为 1800mm，另外河流植被破坏严重，水土流失现象明显，多年平均含沙量达到 $13kg/m^3$。流域内有大小水库 270 多座，集水面积占全流域面积的 10%，另外，流域内林地面积占 10%，农田面积占 50%，其他占 30%（城镇面积、河漫滩面积、公路等）。电站处的水文站已有 70 年的历史，观测资料系列长，质量好。1976 年，城镇人口 10 万，农村人口 40 万，牲畜 3 万头，工业总产值 13.32 亿元，万元工业产值耗水 30t，城镇与农村人口自然增长率约为 0.6%，牲畜增长率 1%，工业产值增长率 7%，林地总面积每年递减率 2%，农田灌溉面积每年增长 1%，其他设施每年占地新增 1%。该流域未建跨流域引水设施，也未发生流域决口事件，计算中城镇人口耗水按 100L/d，农村人口、牲畜按 50L/d 进行计算。

该电站 1961 年建成发电，大坝为混凝土重力坝，上游水深 100m，下游水深 5m，最大坝高 105m，顶宽 7m，底宽 74m，下游面 14.5m 以下为斜面，大坝处在基本烈度为 7 度地区，大坝设计基准期 100 年。至今水文站保留了该水库实测的径流量。为了准确地对该电站天然径流量进行还原，选定了 1976—1999 年电站实测径流量系列作为进行还原计算的控制断面实测径流量（表 5.1）。

表 5.1　　　　　　　　**1976—1999 年该电站控制断面实测径流量**　　　　单位：mm

年份	1976	1977	1978	1979	1980	1981	1982	1983
流量	1516.6	1633.7	1550.8	1288.1	1296.8	1293.8	931.1	1048.2
年份	1984	1985	1986	1987	1988	1989	1990	1991
流量	1253.8	1419.5	1416.6	1867.9	1545.2	1682.3	1822.2	1410.9
年份	1992	1993	1994	1995	1996	1997	1998	1999
流量	1876.5	1756.5	891.1	1028.2	1122.5	1036.8	1033.9	1179.6

结合具体的资料和计算原理，最终计算结果见表 5.2。

表 5.2　　　　　　　　　　**该流域径流还原计算结果表**　　　　　单位：mm

年份	实测径流	工业还原水量	生活还原水量	农业还原水量	林地还原水量	蒸发还原水量	总的还原水量	天然径流还原
1976	1516.6	0.445	0.268	2.400	0.100	0.100	3.313	1519.913
1977	1633.7	0.481	0.538	2.424	0.098	0.200	3.741	1637.441
1978	1550.8	0.519	0.809	2.448	0.096	0.299	4.171	1554.971
1979	1288.1	0.561	1.082	2.473	0.094	0.395	4.605	1292.705
1980	1296.8	0.605	1.357	2.498	0.092	0.489	5.041	1301.841
1981	1293.8	0.654	1.633	2.523	0.090	0.588	5.488	1299.288
1982	931.1	0.706	1.911	2.548	0.088	0.683	5.936	937.036
1983	1048.2	0.763	2.190	2.573	0.086	0.777	6.389	1054.589
1984	1253.8	0.824	2.469	2.599	0.084	0.868	6.844	1260.644
1985	1419.5	0.889	2.749	2.625	0.082	0.960	7.305	1426.805
1986	1416.6	0.961	3.028	2.651	0.080	1.051	7.771	1424.371
1987	1867.9	1.038	3.309	2.678	0.078	1.139	8.242	1876.142
1988	1545.2	1.121	3.591	2.705	0.076	1.228	8.721	1553.921
1989	1682.3	1.210	3.874	2.732	0.074	1.316	9.206	1691.506
1990	1822.2	1.307	4.157	2.759	0.072	1.403	9.698	1831.898
1991	1410.9	1.412	4.441	2.780	0.070	1.496	10.199	1421.099
1992	1876.5	1.525	4.726	2.815	0.068	1.574	10.708	1887.208
1993	1756.5	1.647	5.012	2.843	0.066	1.659	11.227	1767.727
1994	891.1	1.778	5.298	2.872	0.064	1.743	11.755	902.855
1995	1028.2	1.920	5.585	2.900	0.062	1.827	12.294	1040.494
1996	1122.5	2.074	5.873	2.929	0.061	1.907	12.844	1135.344
1997	1036.8	2.240	6.162	2.958	0.060	1.989	13.409	1050.209
1998	1033.9	2.419	6.286	2.988	0.058	2.070	13.821	1047.721
1999	1179.6	2.613	6.592	3.018	0.057	2.149	14.429	1194.029

从表5.2可以发现：工业用水和生活用水逐年提高，且增长的比例较大，而林地用水在发展过程中有所减少，因为发展可能破坏了当地的环境和植被。总的来说，修建大坝后，由于取水设施等的修建、工农业的发展、人口数量的增长，使得河流的天然径流量有减少的趋势，约占年总径流量的2%～3%。

根据数理统计理论：设每年的天然径流量作为一组随机变量（$W_{天然1}$，$W_{天然2}$，$\cdots$，$W_{天然n}$），而建坝后坝址实测的径流量与天然径流量的关系可用式（5.1）来进行计算[10]，即 $W_{天然}=W_{实测}+W_{还原}$。

根据每年还原的水量（$W_{还原1}$，$W_{还原2}$，$\cdots$，$W_{还原n}$），可以计算出实测年径流量（图5.1）为

$$W_{天然i}=W_{实测i}+W_{还原i}，\quad （i=1,2,\cdots,n）\tag{5.14}$$

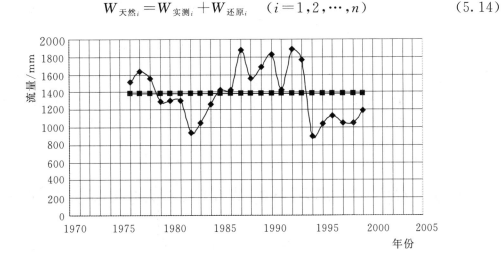

图5.1　天然径流量的随时间变化过程线

经计算得到该河流多年平均径流量 $E（W_{天然i}）=1379.6\text{mm}$，而由于 $E（W_{天然i}）=E（W_{实测i}）+W_{还原}$，于是由 $E（W_{实测i}）=E（W_{天然i}）-W_{还原}（i=1,2,\cdots,n）$ 当得到天然径流的期望值后，则实测径流的期望随时间的变化过程可以计算出来，因为每年还原量不同，随着时间增长有逐渐增大趋势，也就说明可用于发电的径流量每年有逐渐减少的趋势，趋势如图5.2所示。

经插值拟合，若采用二次抛物线拟合则 $E（W_{实测i}）=-0.003t^2+11.309t-9387.5$；若用线性函数拟合则 $E（W_{实测i}）=-0.4828t+2330.6$。

从图5.2中可以看出：随着时间的推移，实测径流量的期望值逐渐减少，而这部分流量直接与电站发电效益密切相关。因电站上下游的水头可人为控制，假定保持水头以及每年发电保证时间不变，则根据 $Q_电=9.81\eta E（W_{实测i}）HT_{每年发电保证时间}$（$\eta$ 为电站发电总效率），每年发电量随时间变化过程与实测径

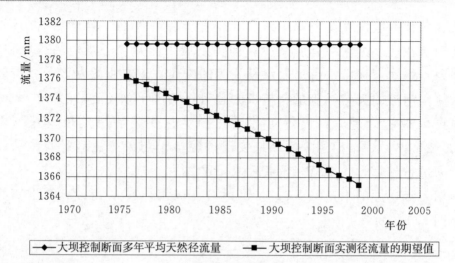

图 5.2　实测每年径流量的期望随时间变化过程线

流量的期望值随时间变化过程线完全一样，只是数值不同而已。这说明：随着时间的推移，由于经济发展和人口增长，河流流量将发生改变，同时影响到河流电站的发电量，发电量的趋势随时间逐渐减少，大坝发电效益随时间也会逐渐减少。

5.3　水库泥沙淤积对电站发电效益的影响及其评价

泥沙运动的规律类似于水体，不仅服从连续条件，而且也服从运动方程的要求。本章依据非均匀质（悬移质和推移质）不平衡输沙原理建立水库泥沙淤积的一维数学模型，计算中，按全沙模式和划分时段、河段，逐时段、逐河段进行[5,11,12]。

5.3.1　基本方程组

一维水流泥沙冲淤方程组应满足以下方程[10]：

水流运动条件
$$\frac{\partial H}{\partial X}+J_f+\frac{1}{2g}\frac{\partial v^2}{\partial X^2}+\frac{1}{g}\frac{\partial v}{\partial t}=0 \tag{5.15}$$

水流连续方程
$$\frac{\partial Q}{\partial X}+\frac{\partial A}{\partial t}=0 \tag{5.16}$$

河床变形方程
$$\frac{\partial (QS)}{\partial X}+\frac{\partial (AS)}{\partial t}+\frac{\partial (\gamma_s a)}{\partial t}=0 \tag{5.17}$$

泥沙连续方程
$$\frac{\partial (QS_L)}{\partial X}+\frac{\partial (AS_L)}{\partial t}+\alpha B(S_L-S_L^*)\omega_L=0 \quad (L=1,2,\cdots,\left[\frac{CL}{X}\right]) \tag{5.18}$$

水流挟沙公式 $\qquad S_L^* = K \dfrac{Q^{3m}B^m}{A^{4m}\sum\limits_{L=1}^{L_C/X} P_L \omega_L^m}$ $\qquad (L=1,2,\cdots,\left[\dfrac{CL}{X}\right])$ $\qquad$ (5.19)

式中 $\quad H$——水位；

$\qquad Q$——流量；

$\qquad J_f$——水能坡降；

$\qquad v$——流速；

$\qquad A$——过水面积；

$\qquad g$——重力加速度；

$\qquad S$——水中含沙量；

$\qquad \gamma_s$——泥沙干重度；

$\qquad a$——冲淤面积；

$\qquad K$——系数；

$\qquad \alpha$——系数；

$\qquad m$——指数；

$\qquad B$——河宽；

$\qquad t$——时间；

$\qquad S_L^*$——水流挟沙力；

$\qquad \omega_L$——泥沙静水沉速；

$\qquad P_L$——悬沙级配；

$\qquad L_C$——计算河段总长；

$\qquad X$——断面等间距，一般来说 $L=\left[\dfrac{L_C}{X}\right]=8$。

5.3.2 方程组简化计算

1. 方程组简化假定

（1）将整个时段划分成若干小的计算时段，各时段内，除冲淤面积 a 外，其余因素不随时间变化，但在不同计算时段时，发生变化。

（2）将整个河段划分成若干小的河段，在河段内可考虑流量不变，不同河段是可变的。

（3）忽略微小量 $\dfrac{1}{g}\dfrac{\partial v}{\partial t}$，不考虑流速变化影响。

2. 方程组简化

根据上述简化假定和计算方程，可按文献［11］表述方法进行计算。

（1）悬沙引起的河床变形为

$$\Delta Z_1 = \sum_{i=1}^{n} \frac{(Q_0 S_{0i} - Q S_i)\Delta t}{\gamma_s B X} \tag{5.20}$$

符号意义同前。

（2）推移质引起的河床变形为

$$\Delta Z_2 = \sum_{i=1}^{n} \frac{(Q_{s0i} - Q_{si})\Delta t}{\gamma_{si} B X} \tag{5.21}$$

式中　Q_{si}——各粒径组推移质输沙量；

　　　γ_{si}——各粒径组推移质干沙容重。

变量"0"标记代表已知断面。

（3）河床总的淤积厚度为

$$\Delta Z = \Delta Z_1 + \Delta Z_2 \tag{5.22}$$

所以在时间 Δt 范围内总的淤积量为

$$\Delta V = \overline{B} \Delta Z$$

其中

$$\overline{B} = \frac{\sum_{i=1}^{CL/X} B_i}{\left[\dfrac{CL}{X}\right]}$$

式中　$\overline{B}$——河床平均宽度。

任意时段从 $[0,T]$ 内，总的淤积量 $V = \sum_{\Delta t=0}^{T} \Delta V = \int_0^T dV$。假定淤积泥沙在水库中均匀平铺，不考虑其他形式的分布。

5.3.3　模型的验证[13-16]

根据丹江口水库的历年泥沙淤积监测结果和相关的水文站资料，计算河段自丹江口坝址至距坝上游约 203km 的白河处，共布置有 8 个断面，断面为 1994 年 12 月至 1995 年 1 月所测。系列年时段划分的原则是根据来水来沙条件，按汛期密、枯季疏划分，每年划分 60 个时段，即每月 5 次。计算中丹江口水利枢纽按从 1964 开始蓄水至 2003 年，共 40 年的水库泥沙淤沙情况，计算初始数据包括河流断面、流速、流量、各粒径分组沉降速度、初始含沙量、河道计算长度等。上述方程容易离散成中心差分格式，通过多重循环语句迭代即可求得结果。计算结果与监测结果如图 5.3 所示。

计算结果表明计算值与实测值拟合较好，上述模型可以用来计算大坝水库泥沙淤积情况。通过曲线拟合得出

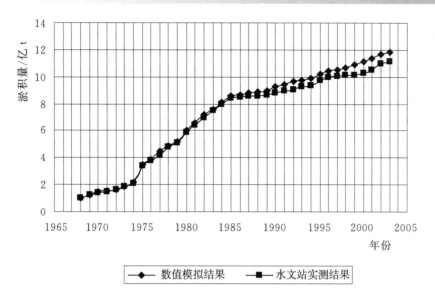

图5.3 丹江口水库泥沙淤积量实测与数值模拟结果对比图（数值计算与实测结果）

$$V = 5 \times 10^{-5} t^4 - 0.361 t^3 + 1075.2 t^2 - 10^6 t + 7 \times 10^8 \qquad (5.23)$$

式（5.23）可以计算和预测任意时刻 t 处水库的总淤积量。根据该计算式还可以计算死库容淤满时发生的年限 t^*（假定淤沙高程是死库容的上限高程），即令 $V = V_死$，可以求出时刻 t^*。也就是说：当 $V \leqslant V_死$ 时，该水库不必花太多的费用进行清淤；当 $V > V_死$ 时，多余的泥沙将占据有效库容，这势必会影响电站的发电效益。

因此，如果能推出某个水库的逐年泥沙淤积过程量，利用插值函数就可以得到该水库泥沙淤积的函数表达式。而每个水库的死库容与有效库容是一定的，从而可以计算死库容淤满时发生的年限 t^*，即令 $V = V_死$，可以求出时刻 t^*。

5.3.4 水库泥沙淤积量与有效库容的关系

1. 工程简介及计算条件的选取

已知某水库为多年调节水库，1961 年开始蓄水发电，现有 1976—1999 年共 24 年逐年来水量详细资料（表5.3），大坝上游年平均入库流量为 400m³/s，大坝多年正常蓄水位为 700m，死水位为 676m，总库容 71.3 亿 m³，有效库容 51.66 亿 m³，防洪库容 20 亿 m³，死库容 15 亿 m³，设计保证率 95%。计算河段长 97km，根据坝址处 40 多年的水沙资料分析，选择 1961—1975 年共 15 年的自然系列作为水沙系列典型年（因这一时期林地、森林破坏严重，水土流失相当严重），当计算年限超过 15 年后，水沙系列典型年循环使用，共计算 50 年。多年平均含沙量为 13kg/m³，悬移质多年平均输沙量为 1.6 亿 t，推移质多年平均输沙量为 1020 万 t。采用非均匀沙计算，将全沙共分 12 组，分组粒径分别为 0.01～2000mm。小于 1.0mm 按悬移质计算，大于 1.0mm 按推移质计算。库区糙率为 0.0375～0.0475。经过大量的资料分析，并参考丹江口水库及其他类似水库的泥沙冲淤计算成果，确定计算水流挟沙率系数 $K = 0.245$，指数 $m = 0.92$，恢复饱和系数冲刷时 $\alpha = 1$，淤积时 $\alpha = 0.25$。泥沙容重取为 $\gamma_{沙} = 1.25 t/m^3$，水库泥沙淤积曲线如图 5.4 所示。

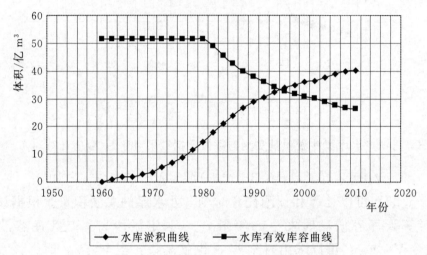

图 5.4　水库有效库容随淤积量变化的曲线

2. 绘制水量差积曲线[17-18]

由于水量差积曲线的计算工作量比较大，为了避免在长系列计算中的错误，通常先计算一些控制点的差积值（如计算各个水文年年末的水量差积值），这里选取每年 4 月末作为控制点。各控制点的水量差积值 ΔW 计算公式如下

$$\Delta W = 年来水量 - 年水量的平均值 = 年来水量 - 400 \times 12$$

计算结果列于表 5.3 中。

表 5.3　　　　水库上游每年来水量及水量差积计算表

年度	年来水量 /秒立米月	ΔW /秒立米月	$\Sigma \Delta W$ /秒立米月	年度	年来水量 /秒立米月	ΔW /秒立米月	$\Sigma \Delta W$ /秒立米月
1975—1976	5310	510	510	1981—1982	3260	−1540	−300
1976—1977	5720	920	1430	1982—1983	3670	−1130	−1430
1977—1978	5430	630	2060	1983—1984	4390	−410	−1840
1978—1979	4510	−290	1770	1984—1985	4970	170	−1670
1979—1980	4540	−260	1510	1985—1986	4960	160	−1510
1980—1981	4530	−270	1240	1986—1987	6540	1740	230

续表

年度	年来水量/秒立米月	ΔW/秒立米月	$\sum \Delta W$/秒立米月	年度	年来水量/秒立米月	ΔW/秒立米月	$\sum \Delta W$/秒立米月
1987—1988	5410	610	840	1993—1994	3120	−1680	5090
1988—1989	5890	1090	1930	1994—1995	3600	−1200	3890
1989—1990	6380	1580	3510	1995—1996	3930	−870	3020
1990—1991	4940	140	3650	1996—1997	3630	−1170	1850
1991—1992	6570	1770	5420	1997—1998	3620	−1180	670
1992—1993	6150	1350	6770	1998—1999	4130	−670	0

注 秒立米月为以前所用的水文概念，1秒立米月＝250万 m³。

由表 5.3 计算结果可以绘制各控制点的水量差积曲线，如图 5.5 所示。

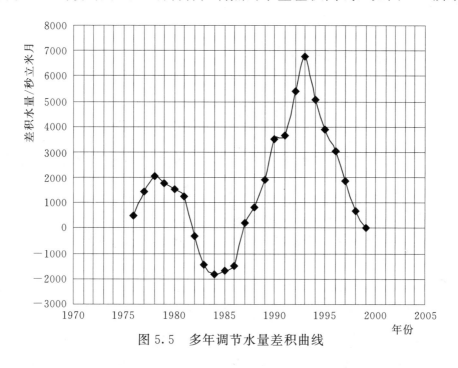

图 5.5 多年调节水量差积曲线

3. 容许破坏年数的确定

已知设计保证率 $P=95\%$，则

$$T_{破}=N-\frac{P(N+1)}{100}=24-\frac{95 \times 25}{100}=0.25 \text{（年）}$$

即容许破坏的年数不到 1 年，于是假设全系列均不破坏。

4. 调节流量 $Q_{调}$ 的计算

从图 5.5 中可以清楚地看出：连续的枯水段有两个，第一枯水段为 1980—

1983 年，第二枯水段为 1992—1998 年。为了计算两个枯水段的调节流量，可分别设不同的有效库容求相应的调解流量。当然，调解流量可以在水量差积曲线上按流量射线法推求，也可以用枯水段调节期起讫时间的水量差积值确定，即

$$Q_{调} = \frac{V_{兴} + \sum\limits_{i=t_1}^{t_2} W_i}{(t_2 - t_1) \times 31.1 \times 10^6}$$

式中　$V_{兴}$——有效库容，m^3；

　　t_1、t_2——供水开始与终止时间，年份；

　　$\sum\limits_{i=t_1}^{t_2} W_i$——供水期入库水量，$m^3$。

若有效库容保持不变，即 $V_{兴} = 2000$ 秒立米月，则第一枯水段 1980—1983 年，历时 3 年，计算结果为

$$Q_{调} = 400 + \frac{2000 - 1430 - 1240}{36} = 381.39 (m^3/s)$$

第二枯水段 1992—1998 年，历时 6 年，计算结果为

$$Q_{调} = 400 + \frac{2000 - 6770 + 670}{72} = 343.05 (m^3/s)$$

以此类推，可以计算不同 $V_{兴}$ 所对应的调节流量的大小，结果列于表 5.4。

表 5.4　　　　　　　　　　$V_{兴}$ 与 $Q_{调}$ 关系表

$V_{兴}$ /秒立米月	$Q_{调}/(m^3 \cdot s^{-1})$		$V_{兴}$ /秒立米月	$Q_{调}/(m^3 \cdot s^{-1})$	
	第一枯水段	第二枯水段		第一枯水段	第二枯水段
500	339.72	322.22	2000	381.39	343.05
1000	353.61	329.17	2500	395.27	350
1500	367.5	336.11	3000	409.17	356.94

由表 5.4 计算结果可以绘制有效库容与调节流量关系曲线，如图 5.4 所示。

从图 5.6 可以清楚发现，要使大坝调节的保证率达到 95%，取图上两条曲线的上包络线作为在全系列中满足设计保证率的 $V_{兴}$ 与 $Q_{调}$ 关系曲线，即采用第二枯水段的调节流量即可。

5. 调节流量 $Q_{调}$ 随有效库容变化规律计算

然而从图 5.4 计算的结果可以发现，有效库容在 1983 年之前保持不变，即 $V_{兴} = 2000$ 秒立米月，但在 1983 年之后，每年的有效库容因水库泥沙淤积而逐渐减少。根据水库每年来水特性，第一枯水段内，泥沙淤积不会造成影响，因此调节流量不会改变，而泥沙却显著影响第二枯水段的调节流量。一旦

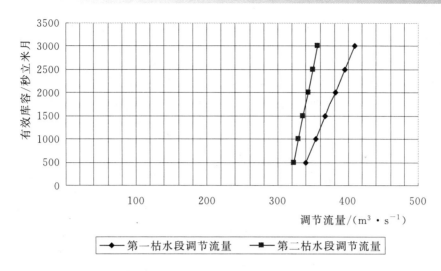

图 5.6 有效库容与调节流量关系曲线

枯水期调节流量改变，则整条河流的多年平均流量就会发生改变，在不考虑其他因素并满足正常工农业生产、灌溉、航运等的条件下，每年用于发电的绝对流量会减少，因为有效库容的体积日趋减少。

现计算 1984—2010 年枯水段调节流量随有效库容淤积过程变化结果，并列于表 5.5（计算中将库容单位先转换成秒立米月）。

表 5.5 调节流量 $Q_{调}$ 随有效库容变化规律计算表

年份	$V_兴$ /秒立米月	$Q_{调}$/(m³·s⁻¹)		年份	$V_兴$ /秒立米月	$Q_{调}$/(m³·s⁻¹)	
		第一枯水段	第二枯水段			第一枯水段	第二枯水段
1984	1829.66	381.39	340.69	1998	1247.00	381.39	332.60
1985	1767.71	381.39	339.83	1999	1225.71	381.39	332.30
1986	1709.64	381.39	339.03	2000	1206.35	381.39	332.04
1987	1651.57	381.39	338.22	2001	1187.00	381.39	331.77
1988	1597.37	381.39	337.47	2002	1179.25	381.39	331.66
1989	1543.17	381.39	336.71	2003	1171.51	381.39	331.55
1990	1504.45	381.39	336.18	2004	1144.41	381.39	331.17
1991	1465.74	381.39	335.64	2005	1117.31	381.39	330.80
1992	1434.77	381.39	335.21	2006	1094.08	381.39	330.48
1993	1403.79	381.39	334.78	2007	1070.85	381.39	330.15
1994	1367.02	381.39	334.27	2008	1051.49	381.39	329.88
1995	1330.24	381.39	333.78	2009	1032.13	381.39	329.62
1996	1299.26	381.39	333.33	2010	1026.33	381.39	329.53
1997	1268.30	381.39	332.90				

根据表 5.5 计算结果绘制调节流量随有效库容变化规律曲线如图 5.7 所示。

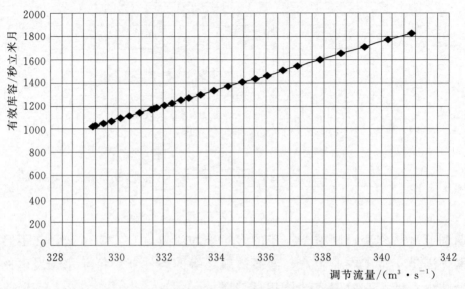

图 5.7　调节流量 $Q_{调}$ 随有效库容变化规律曲线

根据前面的计算：若有效库容的体积 $V_{兴}=2000$ 秒立米月保持不变，则该河流多年的平均调节流量即为 $400\text{m}^3/\text{s}$，且在第二枯水段的调节流量为 $343.05\text{m}^3/\text{s}$；如果有效库容发生变化，则电站在第二枯水段需要进行径流调节，调节流量的大小随有效库容的体积发生改变，有效库容越大，调节流量越大，反之，有效库容越小，调节流量越小。结合表 5.5 计算结果可以发现：在第二枯水段内，当有效库容被泥沙淤积时，新的调节流量与原调节流量 $343.05\text{m}^3/\text{s}$ 相比，每年都减少了，相应于 1984—2010 年平均每年减少的流量计算列于表 5.6（计算时段为 24 年共 288 个月）。

表 5.6　　　　　1984—2010 年平均每年减少的流量计算表

年份	多年平均流量/$(\text{m}^3 \cdot \text{s}^{-1})$ ($V_{兴}=$ 2000 秒立米月)	$Q_{调}/(\text{m}^3 \cdot \text{s}^{-1})$ ($V_{兴}=2000$ 秒立米月) 第二枯水段	$Q_{调}/(\text{m}^3 \cdot \text{s}^{-1})$ ($V_{兴}$ 发生变化时) 第二枯水段	调节时段（72 个月）内流量减少值/秒立米月	相应每年平均流量的减少量/$(\text{m}^3 \cdot \text{s}^{-1})$
1984	400	343.05	340.69	$2.36 \times 72 = 169.92$	0.59
1985	400	343.05	339.83	$3.22 \times 72 = 231.84$	0.805
1986	400	343.05	339.03	$4.02 \times 72 = 289.44$	1.005
1987	400	343.05	338.22	$4.83 \times 72 = 347.76$	1.2075
1988	400	343.05	337.47	$5.58 \times 72 = 401.76$	1.395
1989	400	343.05	336.71	$6.34 \times 72 = 456.48$	1.585

年份	多年平均流量 /(m³·s⁻¹)($V_兴$=2000 秒立米月)	$Q_调$/(m³·s⁻¹)($V_兴$=2000秒立米月)	$Q_调$/(m³·s⁻¹)($V_兴$ 发生变化时)	调节时段（72个月）内流量减少值 /秒立米月	相应每年平均流量的减少量 /(m³·s⁻¹)
		第二枯水段	第二枯水段		
1990	400	343.05	336.18	6.87×72＝494.64	1.7175
1991	400	343.05	335.64	7.41×72＝533.52	1.8525
1992	400	343.05	335.21	7.84×72＝564.48	1.96
1993	400	343.05	334.78	8.27×72＝595.44	2.0675
1994	400	343.05	334.27	8.78×72＝632.16	2.195
1995	400	343.05	333.78	9.27×72＝667.44	2.3175
1996	400	343.05	333.33	699.84	2.43
1997	400	343.05	332.90	730.8	2.5375
1998	400	343.05	332.60	752.4	2.6125
1999	400	343.05	332.30	774	2.6875
2000	400	343.05	332.04	792.72	2.7525
2001	400	343.05	331.77	812.16	2.82
2002	400	343.05	331.66	820.08	2.8475
2003	400	343.05	331.55	828	2.875
2004	400	343.05	331.17	855.36	2.97
2005	400	343.05	330.80	882	3.0625
2006	400	343.05	330.48	905.04	3.1425
2007	400	343.05	330.15	928.8	3.225
2008	400	343.05	329.88	948.24	3.2925
2009	400	343.05	329.62	966.96	3.3575
2010	400	343.05	329.53	973.44	3.38

根据表 5.6 计算结果绘制因有效库容淤积多年平均流量年变化曲线如图 5.8 所示。

若保持其他条件不变，如水头不变、年发电保证小时数等不变情况下，电站的发电量与每年来水量成正比，流量越大，发电量越多，反之，如果每年流量减少，发电量自然也就会减少。图 5.8 说明：因有效库容被泥沙占据，造成有效库容逐年减少，而在丰水年却无法储蓄更多的来水，因此弃水增多，而在枯水年，有效库容无法提供足够的调节水量用来发电，因此造成每年的发电损失逐年增多，其趋势完全类似于图 5.8。

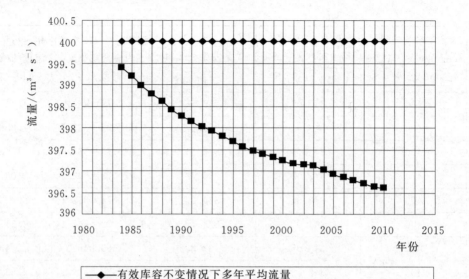

图 5.8　因有效库容淤积多年平均流量年变化曲线

5.4　本　章　结　论

根据前面研究结论，河流在建坝后，由于受两岸工农业生产及人口增长影响，河流水体在入库之前主要受上述社会经济等因素影响，减少了河流多年天然来水量，而减少的来水量对发电效益的影响是显而易见。在原有基础上，进一步考虑泥沙对河流多年平均流量的影响，最终得出了泥沙淤积对大坝发电效益的影响关系。由此可知，在维持大坝其他功效情况下，影响大坝发电效益的因素主要分两大块：一是社会因素对发电效益的影响；二是泥沙对发电效益的影响。所以最终大坝发电效益的损失将是上述两种损失的叠加。

参　考　文　献

［1］　宋承新．径流还原计算的综合修正法［J］．水文，1999（2）：46-48.

［2］　和红强，夏建荣．小湾水电站水文资料的还原计算方法［J］．云南水力发电，2002，18（3）：11-17.

［3］　朱春耀，薛金平，李春雨．汾河水库泥沙冲淤计算数学模型［J］．水利水电技术，1999，30（10）：34-36.

［4］　吴虹娟，杨国录，余明辉．清江隔河岩水库泥沙计算分析［J］．人民长江，2000，31（8）：27-28.

［5］　李义天，尚全民．一维不恒定流泥沙数学模型研究［J］．泥沙研究，1998（1）：

81 -87.

[6] 金新芽. 径流还原适用方法研究 [D]. 南京：河海大学，2006.

[7] 刘玉涛，杜兆国. 黑龙江省水库站还原计算方法 [J]. 东北水利水电，2005，23 (1)：42 - 43.

[8] 华东水利学院主编. 水文学的概率统计基础 [M]. 北京：水利电力出版社，1981.

[9] Peng Hui，Liu Shao lin，Zheng Chong yang. Study on the Effect of Power Generation Benefit Triggered by Hydrological Characteristics Because of Dam Construction [J]. Procedia Engineering，2012 (28)：142 - 147.

[10] 庄楚强，吴亚森. 应用数理统计基础 [M]. 2 版. 广州：华南理工大学出版社，2002.

[11] 梁栖蓉，黄煜龄. 三峡水库泥沙淤积预估 [J]. 长江科学院院报，1994，11 (3)：1 -7.

[12] 董耀华，黄煜龄. 天然河道长河段一维非恒定流数模研究 [J]. 长江科学院院报，1994，11 (2)：10 - 17.

[13] 章厚玉，胡家庆，郎理民，张洪霞. 丹江口水库泥沙淤积特点与问题 [J]. 人民长江，2005，36 (1)：21 - 30.

[14] 王荣新，杨克诚. 丹江口水库泥沙原型观测 [J]. 人民长江，1998，29 (12)：18 -20.

[15] 胡艳芬，吴卫民，陈振红. 向家坝水电站泥沙淤积计算 [J]. 人民长江，2003，34 (4)：36 - 38.

[16] 万建蓉，张杰，张细兵. 南水北调中线工程丹江口水库泥沙冲淤计算 [J]. 长江科学院院报，2002，19 (增刊)：40 - 43.

[17] 周之豪. 水利水能规划 [M]. 2 版. 北京：中国水利水电出版社，1997.

[18] 彭辉. 水库泥沙淤积对有效库容的影响规律研究 [J]. 三峡大学学报（自然科学版），2011，33 (6)：1 - 4.

第6章

大坝安全可靠性研究及风险评价

6.1 大坝安全风险理论

混凝土是一种目前常用的人工建筑材料，与水利工程的修建关系密切，各种类型的建筑物或其他类型挡水结构通常都以混凝土为基本材料。因此，在水利水电工程学科中，相当大比重的研究内容都与混凝土有关。

作为筑坝材料，最早采用的是土、石、砌石等材料[1-4]。20世纪以来，由于混凝土施工工艺和施工机械化的快速发展，在美国修建了象山坝和阿罗罗克坝等第一批影响巨大的混凝土坝。随后的几十年中，国外又陆续修建了一批高混凝土重力坝，如瑞士的大狄克逊坝（坝高285m）、意大利的阿尔卑吉拉坝、罗马尼亚的山泉坝等。

我国在1930—1940年期间修建了一批混凝土坝。新中国成立后，随着科技水平和经济快速发展，水利水电事业有了的长足发展，陆续修建了一大批混凝土坝，影响较大的有刘家峡、新安江、乌江渡、牛路岭、潘家口、公伯峡、葛洲坝等水库大坝，以及举世瞩目的三峡大坝[5-8]。

法国的鲍姆砌石圆筒拱坝是世界上第一座拱坝，它修建于3世纪，该坝高12m；伊朗在13世纪末已成功修建了高60m的砌石拱坝；美国从20世纪初到20世纪40年代已开始修建较高的混凝土拱坝，如胡佛坝、巴菲罗比尔坝等；英古里双曲拱坝是苏联修建的特高拱坝，坝高271.5m；意大利建造了坝高261.6m的瓦依昂特高拱坝。我国拱坝建设起步于20世纪50年代，以安徽响洪甸拱坝开始，到了70年代砌石拱坝建设发展迅速，80年代代表性的工程有东江、龙羊峡和白山等高拱坝[9]，90年代李家峡、东风和二滩的拱坝更为著名，2000年后陆续修建小湾、溪洛渡、锦屏一级等特高拱坝，至今我国拱坝在数量上占全球拱坝总数1/2，居世界第一。

支墩坝是又一种混凝土坝常见类型，国内外已修建过一批支墩坝[10-11]。

1970年以后，出现了碾压混凝土（RCC）坝筑坝技术。美国威洛克里克坝（柳溪坝）、日本岛地川坝、我国福建坑口坝和南盘江天生桥二级水电站都采用了这种施工技术。现如今世界各国已建和在建的RCC大坝有100多座，分布于各大洲，碾压混凝土坝因其优良的浇筑质量和高效的施工方法使之成为目前各国极力推崇和发展的筑坝方式。日本已建成的宫懒坝高 155m，是目前建成的最高 RCC 大坝，正在兴建的坝高 216m 的龙滩 RCC 重力坝，为世界第一高的在建 RCC 大坝。RCC 坝会伴随设计理论、施工技术以及材料性能研究将不断提升大坝建造水平。

随着建筑技术的不断发展，我国科技工作者在工程勘测、规划、设计、建造与管理方面取得了许多研究成果，如大坝静、动力试验与数值计算、大坝抗震设计、拱坝体型优化、大坝稳定性分析、温控分析、开裂分析等。这些成果对指导大坝设计和建设具有重要意义。

以锦屏一级、溪洛渡、小湾为代表的一批 300m 级左右的高拱坝将在西南多山、高地震烈度地区建设，这些拱坝高度均为世界前列，在我国修建这些高坝，无论从勘测设计还是施工管理都具有重大挑战，为水利学科的发展提出了一大批新的技术课题。

国际大坝委员会 1988 年所作的关于大坝工作状态的调查报告[12]指出，目前遭受灾难性破坏的混凝土坝共有 243 座，世界各国已建成的混凝土坝绝大多数都或多或少存在着裂缝。20 世纪 80 年代，中国水利水电科学研究院对我国的 15 座大型混凝土坝的裂缝情况作了调查[12]，结果表明湖北丹江口 97m 高的宽缝重力坝裂缝最多，共有 3332 条；湖南柘溪 104m 高的大头坝裂缝最少，迎水面垂直裂缝 94 条，水平裂缝 26 条，共计 120 条。混凝土坝出现裂缝直至破坏，是多种外界因素综合作用引起的，但从内因来说，终归是坝体混凝土材料的破坏造成的。

我国在"一五"期间，新建建筑投资是基建总投资的 10 倍左右[13]；而"六五"期间只占 45%，说明我国已从大规模新建建筑，过渡到新建与维修改造并重阶段，并已开始进入重点转向旧有结构的维修改造阶段；到了"十一五"期间，国家每年投入到大坝维修和检测的费用达到 50 亿元。在我国已建成坝高大于 15m 的 2.2 万余座水库中，有不少大坝，特别是一些 20 世纪六七十年代兴建的大坝，由于实践经验不足、水文系列短缺、坝工技术不完善以及缺乏科学的态度与严格的安全管理等种种原因，导致实际安全状况不佳，成为病险坝，应进行安全改造。如何正确地评价鉴定和加固这些旧有建筑，达到在保证安全的前提下延长其使用寿命的目的，有着非常重大的现实意义。

按照我国《建筑结构设计统一标准》（GBJ 68284—2001）的定义，结构可靠性包括安全性、适用性和耐久性三个方面，一般情况下，这三个方面的要求是相互关联的。安全性反映了结构设计中对安全的要求，适用性反映了结构设计中对结构正常使用方面的要求，耐久性反映了结构设计中对结构抵抗自然环境和使用环境作用（非荷载作用）能力的要求。一般情况下，结构的安全性、适用性和耐久性是相互关联的，当结构的耐久性不足时会造成结构抗力的降低，从而使结构的安全性下降，随之而来的适用性就更差。尽管现行的结构可靠度设计统一标准及有关规范已包含结构耐久性的概念，但在结构设计中并未考虑由于耐久性问题而使结构安全性发生的变化。显然，在结构耐久性已成为国际土木工程界所关注问题的今天，研究结构抗力及荷载随时间变化时的可靠度分析方法是有现实意义的。

目前国内外对坝体的安全性研究较多，但大多数也只局限于单一破坏模式的可靠度分析，只有少数学者涉足其系统可靠度研究，并取得了一定成果。风险是对事物危险程度的一种衡量，是不希望发生的事件发生的概率或其经济后果及影响。就大坝安全风险而言，尚未有一个公认而明确的定义，大坝安全风险分析作为坝工的一个前沿研究领域，目前还处于探索发展阶段。

大坝是一种受力极其复杂的大体积结构，考虑其结构抗力和荷载时变性的可靠度分析是目前坝体结构可靠度研究的一个广为关注的问题。广义的结构时变可靠度问题从受荷特点来分析，包括静力与动力时变可靠度及结构耐久性问题；从所涉及要解决的问题和分析层次来分析，时变可靠度问题的关键在于建立合适的抗力与荷载效应的时变模型。对结构（构件）抗力的随机时变性的描述，用以时间为参数的变化过程是比较合适的，因为大坝在运行过程中所受荷载可以通过观测和计算找出其随时间变化的规律。另外在我国，相当数量的大坝为钢筋混凝土材料大坝，其材质老化受时间影响十分显著，而国内几家科研单位也曾经探讨过混凝土材料随时间老化的规律，得出了一些很好的结论。研究表明，混凝土强度随时间的推移迅速下降，且越来越快，这对指导大坝维修加固意义重大，可见对钢筋混凝土结构的材质老化及耐久性等问题进行研究具有实用价值。

本章先从单个坝段着手研究，然后推广到大坝整体，主要研究大坝结构因材料及受力随时间变化过程的可靠性和风险，为大坝的安全评价提供依据。

大坝安全风险率（RI）的概念源于结构可靠度理论，即认为大坝失效的总概率 P_f（广义抗力 R 小于广义荷载效应 S 的概率）为大坝安全风险率。设有 n 个相互独立的随机变量组成大坝广义抗力 R，有 m 个相互独立的随机变量组成大坝广义荷载效应 S，且荷载效应 S 与抗力 R 的联合概率密度函数 $f_{RS}(r, s)$，则大坝安全风险率 RI 为

$$RI = P_f = \int_0^\infty \int_0^S f_{RS}(r,s) \mathrm{d}r \mathrm{d}s \qquad (6.1)$$

在目前的技术条件下，要得出 $f_{RS}(r,s)$ 的解析表达式是十分困难的。

因此，大坝安全风险率 RI 的求解无法直接由式（6.1）进行，而只能依据结构可靠度理论中的近似概率法来解。

在近似概率法中，总的失效概率 P_f 只是针对大坝在特定破坏形式下失效而言的。因此，要求出总的大坝安全风险率 RI 还需对其作进一步分解。我国有 8 万多座水库大坝，其中尤以土石坝、混凝土坝居多。这些大坝绝大多数建成于 20 世纪 50—70 年代。由于历史的原因，有相当大的一部分土石坝、混凝土坝存在各种各样的病险隐患，对人民生命财产和经济发展形成潜在的威胁。为此我国每年都要拿出大量经费来除险加固[15-16]。事实上水库大坝的除险加固是个长期的工作，国家不可能在很短的时间内完成所有病险水库的加固，即使完成了，也会有新的病险水库陆续出现。因各地经济的发展的不平衡，病险水库的定义可能会有所变化，在经济发达、人口稠密地区，很可能轻微的病险症状就会产生非常巨大的社会压力、经济压力，以至于当地政府不得不下决心来除险加固；在社会经济欠发达、人口稀少地区，政府的注意力往往放在更加严重的病险症状上。因此，如何定量评价和分析水库大坝安全风险，显得格外重要。大坝的除险加固是大坝安全管理的一项重要工作，需要纳入科学决策制度化的轨道上来。

大坝安全风险分析中一个重要的问题是如何评价、判断大坝的安全程度，为科学决策提供正确的依据。然而大坝安全程度的评价不但要视其已发现的或潜在的病险类型和程度，还应与该地区人口及经济发达的程度有关，是一个包括挡水功能和社会经济影响的复杂综合体系。因此大坝安全度的评价必定从综合因素加以考虑，得出大坝的综合安全度。

在世界上已发生安全事故的大坝中，土石坝占绝大多数[17-19]，其次是混凝土重力坝，拱坝失事的数量最少（拱坝本身在设计上的安全余度比重力坝和土石坝高得多）。限于篇幅和时间，本章研究的重点主要放在重力坝的整体失效概率 P_f 推求上，一旦整体失效概率求得后，则大坝的系统可靠性就可以迎刃而解。当然其他坝型也可以采用类似的原理进行计算。

6.2　混凝土重力坝综合安全度研究

对于混凝土重力坝来说，尽管在几何上是各坝段彼此相连的单一块体结构[13,20-21]，由于有着不同的破坏模式，承受着随机性较大的荷载和坐落于随机性更大的岩土地基上，使得重力坝体系的系统可靠度研究比较复杂。一般说来，坝趾压坏、坝踵拉裂、沿建基面或深层滑动及倾覆、地震等都是重力坝的潜在破坏模式，它们存在相关性（相关系数 $0<\rho_{ij}<1$）。考虑这些破坏模式的

相关性，将提高整个重力坝系统可靠度计算的准确性。

由于破坏模式的相关性和基本随机变量之间的相关性以及坝段间的联系结构不同等原因，使得采用单一失效模式去逐一计算其系统失效概率比较困难。一般而言，考虑坝段间的相关性的并联体系可靠指标，通常要高于坝段独立工作的串联体系的可靠指标。为了提高安全性，采用按各坝段独立工作（假定坝段之间不设横缝），将重力坝系统看成由三种主要失效模式（即滑动、坝趾和坝踵处强度失效）所组成的串联体系予以考虑。通过实际分析可以发现，仅考虑静力条件下的三种失效模式还不够，必须考虑坝体结构在地震荷载作用下的可靠性问题，因此，本章将考虑两种工况三种失效模式联合作用下混凝土重力坝的可靠性问题。

6.2.1　重力坝系统的特点及基本随机变量

考虑抗力与荷载随时间变化的结构可靠度分析是一个相当复杂的问题[22-23]。広之亀田（Hiroyuki Kameda）和小池健（Takeshi Koike）在 1975年研究了累积损伤下结构的可靠度分析；盖德和桑德斯（Saunders S）在 1987年研究了结构抗力随时间变化时结构可靠度的分析方法；1990 年，王光远根据结构抗力和荷载效应随时间而变的特点提出了动态可靠度的概念；1993 年，莫利（Mori Y）和艾琳伍德（Ellingwood R）用蒙特卡洛的重要抽样法研究了时变结构的体系可靠度问题；1995 年，Li C Q 用随机过程中的上跨阈理论研究了劣化结构的可靠度问题。在上述文献中，当考虑结构抗力与荷载随时间变化时所得的结构失效概率计算公式是一个高维积分，直接用于实际工程，难度较大；蒙特卡洛方法由于其本身的局限性目前常用于可靠度近似计算方法精度的校核，一般不用于具体结构的可靠度分析和设计。结构抗力和荷载效应随时间的变化本身是一个随机过程问题，显然用随机过程理论来研究结构的可靠度是非常合理的，但由于基于随机过程的结构可靠度理论目前尚不够成熟，有许多方面需深入探讨，特别是计算过程复杂，不便于工程应用。

服役重力坝作为客观存在实体而不同于理论设计模型。理论设计模型所获得的重力坝，无论从材料力学性质讲，还是从大坝周围环境讲，都是人为界定的参数，没有考虑这些参数的时效性。而服役期的重力坝，由于荷载作用、环境作用（包括自然环境和使用环境）及材料内部作用的影响，在经历了一段较长时间的使用或遭受某次灾害作用（如地震或洪水）后，往往存在不同程度的损伤破坏，其抗力和荷载效应都与理论设计状态不同。对于服役重力坝系统，坝段之间的联系也相当明确，上、下游水位及水荷载通过泄水建筑物由人工控制而成为比较容易确定的荷载数值。

在考虑实际重力坝的系统可靠度时，必须考虑到由于结构抗力和荷载效应随时间变化之后的影响。鉴于以上原因和理由，可以发现：结构性能随时间的变化是一个复杂的物理、化学和力学损伤过程，因此结构抗力随时间的变化是荷载作用影响、环境作用影响及材料内部作用影响等因素共同作用的结果，而且各种影响因素都是复杂的随机过程。一般情况下，结构性能的变化与结构所处的环境及工作条件有关，不同环境和不同使用条件的结构的抗力变化也是不同的，在结构设计中应区别对待。为此，本章主要研究抗力与荷载效应随时间变化计算方法，而选取的基本随机变量就是基于上述条件确定的，包括筑坝材料抗拉、抗压强度、容重、扬压力折减系数、混凝土（砌石）与坝基间的摩擦系数、黏聚力、上游水位、淤积泥沙容重分布规律等变量。

6.2.2 抗力与荷载效应随时间变化模型

除个别处于极其严酷的使用环境和工作条件的结构外，结构性能的劣化过程极其缓慢，因此获得结构性能随时间变化的完整资料不仅要受到试验条件的限制，还要受到时间的限制。另外，由于试验手段和技术水平的限制，目前尚不能准确检测实际使用过程中结构的强度，因而获得结构构件抗力随时间的变化规律极其困难。同现行的结构设计统一标准一样，随时间变化的抗力的不确定性可分为材料性能的不确定性、几何参数的不确定性和计算模式的不确定性。根据不同的情况，结构性能随时间变化的规律及速率也不相同这一特点，抗力随机过程模型可表示为[13]

$$R(t) = K_p R_p(t) \tag{6.2}$$

$$R_p(t) = R[a_i(t), b_i(t)] \tag{6.3}$$

式中　　　K_p——描述计算模式不确定性的随机变量；

　　$R_p(t)$——t 时刻结构的计算抗力；

$a_i(t)$、$b_i(t)$——第 i 种材料的材料性能和几何参数，为时间 t 的函数，反映了随时间变化的材料性能不确定性和几何参数的不确定性。

一般情况下，结构性能劣化过程极缓慢，除非环境非常恶劣。限于资料的缺乏，目前还不能对式（6.3）作出明确表述。但是，长江科学院通过大量试验对重力坝混凝土结构或钢筋混凝土结构的抗力随时间变化的过程进行深入研究[24-25]，把结构抗力随机过程描述成一个很简单的衰变过程，并假定 t 时刻抗力的随机性依赖于 $t=0$（初始）时刻抗力的随机性，则

$$R(t) = R(0) \psi(t) \tag{6.4}$$

式中　$\psi(t)$——确定性的函数，一般近似服从指数衰减规律；

　　$R(0)$——0 时刻结构的抗力。

若 $R(t)$ 的分布概型自始至终不变，则均值 $\overline{R}(t)=\overline{R}(0)\psi(t)$，变异系数 $\delta_{R(t)}=\delta_{R(0)}$。

根据重力坝的主要失效模式及服役重力坝的特点，为简化起见，提出对影响抗力和荷载效应的每个因素（变量）随时间变化的随机过程模型为

$$X_i(t)=X_i(0)\psi_i(t) \quad (i=1,2,\cdots,m) \tag{6.5}$$

式中　　$\psi_i(t)$——第 i 个随机变量的一个确定性函数；

$X_i(0)$、$X_i(t)$——0 时刻和 t 时刻的随机变量。

对于 $X_i(t)$（$i=1,2,\cdots,m$）这些基本随机变量，由于使用过程中混凝土的碳化、帷幕灌浆的老化及环境的侵蚀等，材料的容重、抗拉强度、抗压强度、摩擦系数、黏聚力等呈现下降趋势，也就是说与之对应的 $\psi_i(t)$ 为衰减函数，而扬压力折减系数、泥沙容重、上游水位可能表现为增加，因此与之对应的 $\psi_i(t)$ 为递增函数。若已知上述 $\psi_i(t)$，而变量分布概型不变，则可方便地计算 t 时刻的均值与变异系数，并计算出服役重力坝系统的可靠度。

许多研究表明[26]，以上各随机变量的衰减函数符合以下规律：设混凝土的容重为 γ_c，随着时间增长，大量研究表明其衰减函数为 $k_1=\psi_1(t)=\mathrm{e}^{-0.0005t}$；抗压强度为 R_a，抗拉强度为 R_t，混凝土与坝基的摩擦系数和黏聚力分别为 f 和 c，其衰变规律为 $k_2=\psi_2(t)=\mathrm{e}^{-0.005t}$；扬压力折减系数为 α，递增函数为 $k_3=\psi_3(t)=\dfrac{1}{2}+\dfrac{A_1}{1+C_1\mathrm{e}^{-0.005t}}$［这里假定时间足够长后因未进行检修，帷幕灌浆及排水设施完全失去作用，坝基扬压力分布自上游至下游完全按三角形荷载连续分布，没有折点，增加大小与灌浆廊道位置有关，若知道上下游水位和灌浆廊道位置，常数 A_1、C_1 就可以被确定出来，当然必须保证初始时刻 $k_3=\psi_3(0)=\dfrac{1}{2}+\dfrac{A_1}{1+C_1}=1$］。

尽管水库中泥沙淤积的情况与河床特点、形态、流量、流速等因素有关，不同的水库其淤积的规律不同，淤积泥沙分布的形态（条带状、三角状、锥形等）也不同，但是越靠近大坝则泥沙颗粒越细，随着时间推移，泥沙越来越密且淤积高度逐渐增加，根据中华人民共和国行业标准《浆砌石坝设计规范》（SL 25—1991）规定取值，一般认为水库泥沙浮容重的取值范围为（0.5～1.45）$\times10^4\mathrm{N/m^3}$，因此形成的水平泥沙压力越来越大。另外，随着时间的变化，泥沙淤积高度从坝底直至淤沙高程。因此本章结合已有的研究成果综合考虑泥沙容重和高度影响提出泥沙浮容重随时间变化的规律为 $k_4=\psi_4(t)=\dfrac{1}{2}+$

$\dfrac{2.4}{1+3.8\mathrm{e}^{-0.0005t}}$，而高度增加分布规律为 $k_6=\psi_6(t)=\dfrac{1}{2}+\dfrac{A_3}{1+C_3\mathrm{e}^{-0.005t}}$［这里

根据水库泥沙淤积特点，假定足够长时间后，水库泥沙达到淤沙高程，而初始时刻 $k_6 = \psi_6(0) = \dfrac{1}{2} + \dfrac{A_3}{1+C_3} = 1$，当已知大坝基础高程和淤沙高程，常数 A_3、C_3 就可以被确定出来]。

通常而言，河道一般由主槽、一级滩地和二级滩地三部分组成，随着经济增长和人口的增加，河流每年的径流量将发生改变（前面研究表明），许多兴建的村庄、道路、桥梁以及漫滩上的植被会影响河道的行洪。在我国多条河流上，因修建基础设施已经严重影响河流、湖泊的行洪蓄洪。据相关文献统计，水库和河道内的水位变化也服从指数增加规律，因此水库上游的多年平均水位 H_2 的变化函数取为 $k_5 = \psi_5(t) = \dfrac{1}{2} + \dfrac{A_2}{1+C_2 e^{-0.0005t}}$ [水位所能增加的极值也就是遇到特大洪水时上游水位到达坝顶而不漫坝，这里常数 A_2、C_2 需要根据具体大坝尺寸及上游特征水位确定，同理 $k_5 = \psi_5(0) = \dfrac{1}{2} + \dfrac{A_2}{1+C_2} = 1$]。以上时间 t 的单位都为年。

本章考虑重力坝两种工况下三种失效模式[27]。失效模式之一的滑动是假定重力坝沿坝基的抗滑稳定问题。事实上，重力坝的滑动破坏，既可以是沿坝基面的浅层滑动，也可以是沿着大坝基础发生深层滑动，无论是深层滑动还是浅层滑动，只要荷载效应和抗力确定后，建立的模型和步骤是完全一样的。

根据重力坝设计规范，常见的重力坝基本受力剖面如图 6.1 所示。

结合重力坝设计规范和计算方法并同时考虑主要随机变量（主要指容重、抗压强度、抗拉强度、扬压力折减系数、坝基摩擦系数、黏聚力）的衰减函数以及上游水位、泥沙压力的变化规律，分别计算静力条件下上游坝踵抗拉、坝体抗滑稳定、下游坝趾抗压三种失效模式，上述三种失效模式的极限状态功能函数如下。

1. 上游坝踵抗拉模式下的极限状态功能函数

$$Z_1 = R_t k_2 + R_1 \gamma_c k_1 + R_2 \alpha k_3 + R_3 \qquad (6.6)$$

其中

$$R_1 = \frac{B_2 D_1 + 3 n_1 H_3^2 \left(\dfrac{1}{2} B_2 - \dfrac{2}{3} n_1 H_3\right) + B_1 H_1 (3 B_2 - 6 n_1 H_3 - 3 B_1)}{B_2^2}$$

$$\frac{-3 n_1 H_5^2 \left(\dfrac{1}{2} B_2 - \dfrac{2}{3} n_2 H_5\right)}{B_2^2}$$

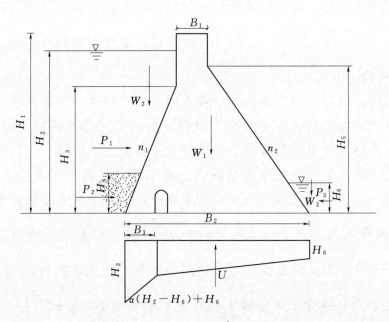

图 6.1　重力坝基本剖面受力分布图

H_1—坝高；H_2—上游水深；H_3—上游变坡点至坝底高度；H_4—淤沙高度；

H_5—下游变坡点至坝底高度；H_6—下游水深；B_1—坝顶宽度；B_2—坝底宽度；

B_3—坝踵至灌浆廊道的距离；W_1—大坝自重；W_2—上游水重；W_3—下游水重；

P_1—上游水平方向水压力；P_2—泥沙水平压力；P_3—下游水平水压力；

n_1—上游坝面坡度；n_2—下游坝面坡度；α—扬压力折减系数；U—坝基扬压力

$$R_2 = \frac{-B_2 D_2 + \gamma_w (B_2 B_3 - \frac{1}{2} B_2^2)(k_5 H_2 - H_6)}{B_2^2}$$

$$R_3 = \frac{B_2 D_3 + \gamma_w B_3 (B_3 - \frac{3}{2} B_2)(k_5 H_2 - H_6) + \gamma_w (H_6^3 - k_5^3 H_2^3) - k_4 k_6^3 \gamma' H_4^3}{B_2^2}$$

$$+ \frac{3\gamma_w n_1 H_3 (k_5 H_2 - H_3)(B_2 - n_2 H_3) + 3\gamma_w n_1 H_3^2 (\frac{1}{2} B_2 - \frac{1}{3} n_1 H_3)}{B_2^2}$$

$$\frac{-3\gamma_w n_2 H_6^2 (\frac{1}{2} B_2 - \frac{1}{3} n_2 H_6)}{B_2^2}$$

$$D_1 = \frac{1}{2} n_1 H_3^2 + B_1 H_1 + \frac{1}{2} n_2 H_5^2$$

$$D_2 = \frac{1}{2} \gamma_w B_2 (k_5 H_2 - H_6)$$

$$D_3 = \gamma_w \left[n_1 H_3 (k_5 H_2) - \frac{1}{2} n_1 H_3^2 + \frac{1}{2} n_2 H_6^2 - \frac{1}{2} (k_5 H_2 - H_6) B_3 - B_2 H_6 \right]$$

2. 坝体抗滑稳定模式下的极限状态功能函数

$$Z_2 = (D_1 \gamma_c k_1 - D_2 \alpha k_3 + D_3) f k_2 + D_4 c k_2 - D_5 \tag{6.7}$$

其中
$$D_4 = B_2$$

$$D_5 = \frac{1}{2} \gamma_w k_5^2 H_2^2 + \frac{1}{2} k_4 k_6^2 \gamma' H_4^2 - \frac{1}{2} \gamma_w H_6^2$$

3. 下游坝趾抗压模式下的极限状态功能函数

$$Z_3 = R_a k_2 + I_1 \gamma_c k_1 + I_2 \alpha k_3 + I_3 \tag{6.8}$$

其中 $I_1 = \dfrac{-B_2 D_1 + 3 n_1 H_3^2 \left(\dfrac{1}{2} B_2 - \dfrac{2}{3} n_1 H_3 \right) + B_1 H_1 (3 B_2 - 6 n_1 H_3 - 3 B_1)}{B_2^2}$

$$\dfrac{-3 n_1 H_5^2 \left(\dfrac{1}{2} B_2 - \dfrac{2}{3} n_2 H_5 \right)}{B_2^2}$$

$$I_2 = \dfrac{B_2 D_2 + \gamma_w \left(B_2 B_3 - \dfrac{1}{2} B_2^2 \right) (k_5 H_2 - H_6)}{B_2^2}$$

$$I_3 = \dfrac{-B_2 D_3 + \gamma_w B_3 \left(B_3 - \dfrac{3}{2} B_2 \right) (k_5 H_2 - H_6) + \gamma_w (H_6^3 - k_5^3 H_2^3) - k_4 k_6^3 \gamma' H_4^3}{B_2^2}$$

$$+ \dfrac{3 \gamma_w n_1 H_3 (k_5 H_2 - H_3)(B_2 - n_2 H_3) + 3 \gamma_w n_1 H_3^2 \left(\dfrac{1}{2} B_2 - \dfrac{1}{3} n_1 H_3 \right)}{B_2^2}$$

$$\dfrac{-3 \gamma_w n_2 H_6^2 \left(\dfrac{1}{2} B_2 - \dfrac{1}{3} n_2 H_6 \right)}{B_2^2}$$

4. 在动力荷载——地震荷载作用下的可靠度分析

（1）抗震可靠度计算式的导出。当把地震荷载作为偶然离散荷载作用时，可以用典型的泊松分布描述地震活动发生的规律[28]，并最终求出大坝在地震荷载作用下的可靠概率表达式为

$$P_s = 1 - P_1 (1 - P_{s1}) \tag{6.9}$$

很显然，当求出 P_{s1} 和 P_1 后，大坝总的地震可靠度就可以计算出来。所以，大坝在地震作用下的失效概率可以表示为

$$P_f = 1 - P_s = 1 - [1 - P_1 (1 - P_{s1})] = P_1 (1 - P_{s1})$$

（2）地震发生概率 P_1 的估算。大型水利枢纽工程可以根据地震危险性分析方法确定工程所在地的地震发生概率，一般可以根据水利枢纽所在地的基本地震烈度估计发生概率。

若取 100 年的设计基准期，地震烈度 I 的概率分布函数为

$$F(I) = \exp\left[-2\left|\frac{12-I}{13.5-I_b}\right|^K\right] \tag{6.10}$$

根据设计基准期不同，用式（6.10）可以计算地震烈度 I 的概率分布函数，而地震烈度 I 发生的概率可用下式计算

$$P(I) = F(I+1) - F(I) \tag{6.11}$$

根据式（6.10）计算了大坝设计基准期为 100 年（50 年的计算结果省略）时地震发生概率的大小，结果列在表 6.1 中。

表 6.1　　　　　　　　　　地 震 发 生 的 概 率

基　本　烈　度	地震设计烈度	100 年设计基准期地震发生的概率
VII	7	0.1594
	8	0.0280
VIII	8	0.1628
	9	0.0256
IX	9	0.1680
	10	0.0215

根据表 6.1 可以通过国家规范来很好地确定大坝所在地发生地震的概率大小。

（3）地震作用下动力可靠性 P_{s1} 的估算。该地震作用下可靠度计算方法不仅可以运用于重力坝可靠度计算，而且可以运用于土石坝的可靠性计算。土石坝在正常情况下是不允许出现过大的结构变形的。在地震作用下，土石坝容易出现过大的沉降变形而造成漫顶破坏，以及由于变形挤压、剪切造成土体中有效应力、孔隙水压力变化过大而引起滑动破坏，因此，在日本许多大坝的垮坝事件与地震密切相关，而地震过程中的过大变形是垮坝的首要原因。因此，在计算中可以限定坝体允许的变形量（可根据规范最大沉降量一般不超过最大坝高的 0.5%），多为单界限问题。根据结构动力可靠性理论，用首次超越破坏机制计算大坝的抗震动力可靠性较为适宜[29]。

首次超越的破坏机制，指结构的破坏以动力反应首次超越临界值或安全界限为标志。按安全界限的不同类别，动力可靠性可以定义为三大类：①单

侧界限（B 界限），即结构在时间 $[0，T]$ 内的动力可靠性，定义为其动力反应不超越安全界限 b 的概率；②双侧界限（D 界限），即结构在时间 $[0，T]$ 内的动力可靠性，定义为其动力反应不超越安全界限 $[-b_2，b_1]$ 的概率；③包络界限，即结构在时间 $[0，T]$ 内的动力可靠性，定义为其动力反应不超越安全包络 $A(t) = \sqrt{X(t) + \dot{X}^2(t)/\omega^2} \leqslant b$ 的概率。这里重点讨论单侧界限问题。

设 $X(t)$ 是一个初值、均值为零的随机过程，表示结构的某项动力反应，其安全界限为 $X = b$，在 $[0，T]$ 的时间内，其动力反应不超越安全界限 b 的概率为

$$P_r(b) = P\{X(t) \leqslant b, 0 \leqslant t \leqslant T\}$$

在时间 $[0，T]$ 内，$X(t)$ 与 $X = b$ 的交叉次数期望值为

$$N_b = \int_0^T V_b(t)\mathrm{d}t = \frac{1}{2\pi}\frac{\sigma_{\dot{X}(t)}}{\sigma_{X(t)}}\mathrm{e}^{-\frac{b2}{2\sigma_X^2(t)}}$$

式中　　$V_b(t)$——单位时间内交叉次数的期望值。

$$V_b(t) = \int_{-\infty}^{+\infty} |\dot{X}(t)| f_{X(t)\dot{X}(t)}[b，\dot{X}(t)，t]\mathrm{d}\dot{X}(t)$$

式中　　$f_{X(t)\dot{X}(t)}[b，\dot{X}(t)，t]$—— $\dot{X}(t)$ 与 $X(t)$ 的联合概率密度函数；

$\sigma_{X(t)}$——动力反应过程 $X(t)$ 的均方差；

$\sigma_{\dot{X}(t)}$—— $\dot{X}(t)$ 的均方差。

当 $X = b$ 很大时，$X(t)$ 与界限值 $X = b$ 的交叉概率很小，可看做稀有事件，可假定 $X(t)$ 在 $[0，T]$ 时间内与界限 b 的交叉次数服从泊松分布，因此，它在地震持续时间 T 内超过限制 $X = b$ 的峰值次数为 n 的概率为

$$P_{s1}(n，T) = \frac{[N_b T]^n}{n!}\mathrm{e}^{-N_b T}$$

在地震持续时间 T 内超过限制 $X = b$ 的峰值次数为 0 的概率定义为结构的动力可靠度为

$$P_r(b) = P_{s1}(0，T) = \mathrm{e}^{-N_b T}$$

设地震时地面运动的水平加速度是一个具有零均值的平稳高斯过程，大坝在地震作用下的动力反应（这里取位移）$X(t)$ 及其对时间的导数过程 $\dot{X}(t)$ 也都具有零均值的平稳高斯高程。在该条件下，大坝经过一次地震作用的动力可靠性为

$$P_{s1} = \exp\left[-\frac{T}{2\pi}\frac{\sigma_{\dot{X}(t)}}{\sigma_{X(t)}}\exp\left(-\frac{b^2}{2\sigma^2{}_{X(t)}}\right)\right] \tag{6.12}$$

利用三维有限单元法可以研究土石坝的自振特性，得出振型曲线，同时地震发生过程中的功率普密度函数可以通过试验测定，根据动力分析，可以找出土石坝坝顶位移随时间变化的过程以及位移对时间的导数，代入式（6.12）即可以确定大坝整体的一次地震作用的动力可靠性。

重力坝在正常情况下不允许出现裂缝，应按照线弹性阶段进行重力坝的抗震计算。同样的，用首次超越破坏机制计算重力坝的抗震动力可靠度较为适宜。基于首次超越破坏机制的理论，当假定坝体上某单元的地震反应或某个荷载效应与确定性单侧界限 $X = b$ 的交叉次数服从泊松分布时，则坝体某单元或某个荷载效应的动力可靠概率也可以用式（6.12）计算。混凝土的抗压强度较高，而抗拉性能较差。因此，根据容许应力法，即限制其最大拉应力不超过某一规定的较低应力限制数值（根据规范，在地震作用下，可适当提高这一应力限制值，一般可考虑提高 30%），所以重力坝的抗震可靠度属于典型的单侧界限动力可靠性问题。类似于上面的计算过程，只不过重力坝在地震作用下的反应 $X(t)$ 必须用应力来描述，$\dot{X}(t)$ 代表应力在地震过程中随时间变化的规律。利用三维有限元计算结果，可以得出应力的变化过程，所以利用式（6.12）可以解决重力坝一次地震可靠性的计算。

5. 重力坝系统可靠度计算方法

按可靠度定义，在设计基准期 T 内结构相对于某种功能函数的可靠概率为

$$P_{si}(T) = P\{R_i(t) > S_i(t), t \in [0, T]\} \tag{6.13}$$

式中　$R_i(t)$、$S_i(t)$——在 t 时刻结构的抗力随机过程和荷载效应随机过程。

相应地，在任意时刻 $T' \leqslant T$，对于服役重力坝的某一种失效事件，有功能函数 $Z_i(t)$，则其失效概率为

$$P_{fi}(T') = P\{Z_i(t) \leqslant 0, t \in [0, T']\} \tag{6.14}$$

对单个重力坝段则有

$$P_f(T') = P\{Z_1(t) \leqslant 0 \bigcup Z_2(t) \leqslant 0 \bigcup Z_3(t) \leqslant 0 \bigcup Z_4(t) \leqslant 0, t \in [0, T']\}$$

$$\tag{6.15}$$

式中　$Z_i(t)$（$i = 1, 2, 3, 4$）——滑动失效概率、坝踵压坏失效概率、坝址拉坏失效概率和地震荷载作用失效概率。

因计算中认为重力坝各坝段相互串联，则任意一个坝段出现失效，则整个大坝失效。

6.3 混凝土大坝综合安全可靠性研究

6.3.1 计算方法

对式（6.15）进行直接计算是比较困难的，当上述破坏模式彼此之间完全相关时，式（6.15）就可以变成

$$P_f(T') = \max P_{fi} \quad (\ i = 1, 2, \cdots, m\ ) \tag{6.16}$$

当破坏模式都是统计独立时，则式（6.16）可以变为

$$P_f(T') = 1 - \prod_{i=1}^{m}(1 - P_{fi}) \tag{6.17}$$

如果每种破坏模式单独引起的失效概率 $P_{fi} \ll 1$ 时，则式（6.17）可以继续化简得到

$$P_f(T') = \sum_{i=1}^{m} P_{fi} \tag{6.18}$$

由于实际破坏模式不完全相关，也不完全独立，而且处于两者之间，因此可以给出大坝系统破坏概率的一般界限范围的表达式为

$$\max P_{fi} \leqslant P_f(T') \leqslant 1 - \prod_{i=1}^{m}(1 - P_{fi}) \tag{6.19}$$

当 $P_{fi} \ll 1$ 时，式（6.19）变为

$$\max P_{fi} \leqslant P_f(T') \leqslant \sum_{i=1}^{m} P_{fi} \tag{6.20}$$

若考虑失效模式的相关性，利用改进的迪特莱文（Ditleven）推导的窄界限公式[30-31]，大坝整体失效概率为

$$P_{f1} + \max\{\sum_{i=2}^{m}[P_{fi} - \sum_{j=1}^{i-1} P_{fij}], 0\} \leqslant P_f(T') \leqslant \sum_{i=1}^{m} P_{fi} - \sum_{i=2}^{m} \max_{j<i}(P_{fij})$$

$$\tag{6.21}$$

式中 P_{fij}——两种失效模式同时失效的概率。

当大坝整体失效概率求出来后，就可以计算相应可靠度指标，即 $P_f = 1 - \Phi(\beta)$，反之亦然。不同类型目标可靠指标对应破坏类型见表 6.2。

表 6.2　　　　　　　　　　　目标可靠指标对应破坏类型

破坏类型	安全级别		
	Ⅰ级	Ⅱ级	Ⅲ级
一类破坏（1）	3.7	3.2	2.7
二类破坏（2）	4.2	3.7	3.2

注　一类破坏（1）指系统非突发性破坏，破坏前能见到明显征兆，破坏过程缓慢；二类破坏（2）指突发性破坏，破坏前无明显征兆，或结构一旦发生事故难以补救或修复。

6.3.2　案例

某混凝土重力坝，上游面直立，下游面边坡为 0.74，帷幕灌浆廊道距上游坝踵处 7m，上游水深 100m，淤沙深度 5m，设计淤沙高程与大坝底部高程之差为 10m；下游水深 5m，最大坝高 105m，顶宽 7m，底宽 74m，下游面 14.5m 以下为斜面；大坝处在基本烈度为 7 度的地区，大坝设计基准期 100 年。库水位人为控制，为定值，另外大坝洪水按 100 年一遇设计，200 年一遇进行校核，根据当地民政部门统计，按目前的市场价值进行估算，如果未建大坝发生 200 年一遇洪水下游经济损失约为 46 亿元，大坝 1961 年修建投资约 1 亿元，年折现率 7%，大坝多年平均效益约 7 亿元。设扬压力折减系数为 α，混凝土抗压强度 R_a，抗拉强度 R_t，混凝土与坝基面的摩擦系数 f，黏聚力 c、混凝土容重 γ_c、上游水位 H_2 以及淤沙容重 γ_s 作为随机变量，并设各变量均为正态分布，统计独立，且分布概型不随时间变化。各参数的统计特性见表 6.3。

表 6.3　　　　　　　　　　　大坝随机变量统计特性

随机变量	扬压力折减系数 α	抗拉强度 R_t /MPa	抗压强度 R_a /MPa	黏聚力 c /MPa	摩擦系数 f	混凝土容重 γ_c / (kN·m^{-3})	淤沙浮容重 γ' / (kN·m^{-3})	上游淤沙深度 H_4 /m	上游水位 H_2 /m
期望值	0.25	1.0	15	1.0	1.0	23	0.5	5	100
标准差	0.04	0.3	2	0.25	0.2	0.6	0.05	0.2	2.4

根据大坝具体尺寸及各种设施的布置情况，可以计算 $k_3 = \psi_3(t) = \dfrac{1}{2} + \dfrac{A_1}{1 + C_1 e^{-0.005t}}$ 及 $k_5 = \psi_5(t) = \dfrac{1}{2} + \dfrac{A_2}{1 + C_2 e^{-0.0005t}}$ 中的常数，得 $A_1 = 3.18$，$C_1 = 5.36$；$A_2 = 0.55$，$C_2 = 0.1$；计算 $k_6 = \psi_6(t) = \dfrac{1}{2} + \dfrac{A_3}{1 + C_3 e^{-0.005t}}$ 中的常数，得

到 $A_3=1.5$，$C_3=2$。

（1）根据表 6.3，结合以下三种破坏模式表达式

$$Z_1=R_tk_2+R_1\gamma_ck_1+R_2\alpha k_3+R_3$$

$$Z_2=(D_1\gamma_ck_1-D_2\alpha k_3+D_3)fk_2+D_4ck_2-D_5$$

$$Z_3=R_ak_2+I_1\gamma_ck_1+I_2\alpha k_3+I_3$$

可以计算 $t=0$ 时相应的统计参数（各参数彼此独立）：

1）$E(Z_1)=0.7123$，$\sigma(Z_1)=0.192$，可靠性指标 $\beta_1=\dfrac{E(Z_1)}{\sigma(Z_1)}=3.71$，$P_{f1}=1.01\times10^{-4}$。

2）$E(Z_2)=9722.24$，$\sigma(Z_2)=1689.17$，可靠性指标 $\beta_2=\dfrac{E(Z_2)}{\sigma(Z_2)}=5.75$，$P_{f2}=0$。

3）$E(Z_3)=11.31$，$\sigma(Z_3)=2.14$，可靠性指标 $\beta_1=\dfrac{E(Z_3)}{\sigma(Z_3)}=5.28$，$P_{f3}=0$。

若假定某次发生地震的最大水平加速度为 $0.2g$，相当于发生烈度为Ⅷ度的地震作用，计算中取有水情况下坝体的第一自振频率比无水情况下的坝体第一自振频率降低 10%，得出上游坝踵处的地震动应力反应为 $\sigma_{X(t)}=0.384\mathrm{MPa}$，同时还可以计算出 $\sigma_{\dot X(t)}/\sigma_{X(t)}=29.23$，利用重力坝规范推荐的材料力学方法计算出上游坝踵在静水压力作用下垂直正应力为 $0.014\mathrm{MPa}$（为压应力），设坝体混凝土的允许拉应力为 $1.0\mathrm{MPa}$，则地震过程中应力动力反应界限 $b=1.014\mathrm{MPa}$，于是可以计算出该大坝在烈度为Ⅷ度地震作用下失效概率 $P_{f4}=1.86\times10^{-5}$。

根据式（6.19），该大坝系统破坏概率的界限范围为：$1.01\times10^{-4}\leqslant P_f\leqslant1.196\times10^{-4}$，其可靠性指标至少在 3.67 以上。

（2）在第 50 年的时候，相应的衰减函数 $k_1=0.975$，$k_2=0.779$，$k_3=1.114$，$k_4=1.0099$，$k_5=1.001$，$k_6=1.086$，同理可以计算出：$P_{f1}=1.216\times10^{-4}$；$P_{f2}=2.85\times10^{-7}$；$P_{f3}=2.42\times10^{-7}$；$P_{f4}=1.86\times10^{-5}$。从计算结果可以看出，该结构的可靠性指标在 3.63 以上。

（3）因重力材料以混凝土脆性材料为主，且大坝失事后果严重，因此必须控制大坝可靠度指标，使其值在 3.2 以上，见表 6.2。若要保证大坝整体的可靠性指标在 3.2 以上，即失效概率小于或等于 6.87×10^{-4} 以下，大坝使用的概率寿命可以通过破坏模式的表达式预测出来，即代入各衰减系数。因为衰减系数是时间的函数，令 $P_f=6.87\times10^{-4}$ 就可以计算时间 t。结合表 6.4，经过计算当大坝使用 33 年后，根据本章提出的计算模式，该大坝必须进行修复加固，

否则很可能引起大坝安全问题。

表 6.4　　　　　　　　　大坝失效概率计算表

时间/年	0	5	10	15	20	25
失效概率/10^{-4}	1.01	2.041	2.831	3.748	4.732	5.791
时间/年	30	35	40	45	50	55
失效概率/10^{-4}	6.792	8.082	9.373	11.582	14.076	16.882

根据表 6.4 绘制大坝失效概率随时间变化过程线如图 6.2 所示。

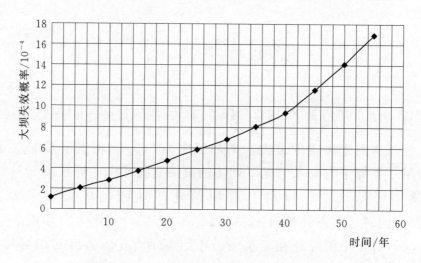

图 6.2　大坝失效概率随时间变化过程线

从图 6.2 可以看出：随着时间增长，大坝的失效概率逐渐增大。

6.4　本　章　结　论

大坝安全风险（RD）的概念在考虑了大坝本身失效的可能性的同时，也考虑了大坝失事后所造成的可能最大后果和影响[14]，即

$$RD = P_f L \tag{6.22}$$

式中　　P_f——大坝结构本身的失效概率；

L——大坝失事所造成的可能最大后果（经济损失、人员伤亡等），称为失事损失。

根据不同计算目的，大坝风险损失通常包括以下三部分[32-35]：

（1）若大坝发生溃坝，则当地无法抵御洪水，即与无坝河流发生洪水的情况类似，这样势必引起洪水损失。该损失计算原理如下：根据大坝溃决前上下游水头差推算发生洪水规模，并与河流历史洪水进行比较，确定溃坝洪水发生

概率，再结合当地统计的最大历史洪水损失曲线推算得出溃坝损失，该损失比历史最大洪水损失要大。如果没有现成计算成果，可近似取历史最大洪水损失作为溃坝损失，即采用 200 年一遇洪水损失 46 亿元。

（2）大坝溃决后，若要恢复大坝正常功能，相当再次重建大坝，由于 1961—2007 年约 46 年，则 1961 年的 1 亿元投资折算到 2007 年，其现值为 $1 \times (1+i)^n = (1+0.07)^{46} = 22.47$（亿元）（按年利率进行计算）。

（3）根据给定大坝规模和尺寸，按 2007 年的技术水平重建大坝需要 2 年时间，因修建大坝，耽误电站发挥效益，因此耽误发电等综合效益总额计算公式为：耽误年数×电站多年平均效益＝2 年×7 亿元/年＝14 亿元。

于是，与大坝结构破坏相关的总损失之和即为上述三项之和，所以

$$L = 46 + 22.47 + 14 = 82.47（亿元）$$

如果为了计算和评价一座大坝是否会被拆除，则 L 只应该包含第一项，因为后面两项计算的前提情况是大坝已经被冲垮，不需要进行评估是否被拆除。

根据前面的计算公式，可以计算不同使用年数情况下大坝的安全风险（表6.5）。

表 6.5   大坝安全风险计算表

时间/年	0	5	10	15	20	25
安全风险/百万元	0.833	1.683	2.335	3.09	3.90	4.78
时间/年	30	35	40	45	50	55
安全风险/百万元	5.602	6.666	7.73	9.554	11.61	13.92

根据表 6.5 绘制大坝安全风险随时间变化过程线如图 6.3 所示。

从图 6.3 也可以发现：随着坝龄增长，大坝引起的结构安全风险不断增加。

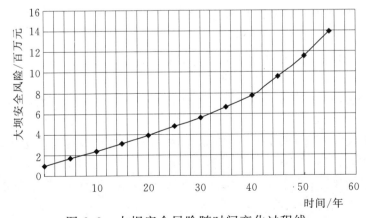

图 6.3   大坝安全风险随时间变化过程线

参 考 文 献

［1］ 王向东. 混凝土损伤理论在水工结构仿真分析中的应用 ［D］. 南京：河海大学，2001.

［2］ 张伟. 基于隐式梯度模型混凝土损伤的数值模拟 ［D］. 合肥：合肥工业大学，2008.

［3］ 杨陶. 大跨度桥梁结构的船撞性能研究 ［D］. 重庆：重庆交通大学，2010.

［4］ 吴子平. 混凝土坝病变和损伤的监控理论和分析方法研究 ［D］. 南京：河海大学，2002.

［5］ 左东启，等. 水工建筑物 ［M］. 南京：河海大学出版社，1995.

［6］ 潘家铮，等. 中国大坝 50 年 ［M］. 北京：中国水利水电出版社，2000.

［7］ 曹鹏. 混凝土塑性损伤模型及其 ABAQUS 子程序开发 ［D］. 沈阳：沈阳工业大学，2009.

［8］ 程玲. 混凝土厚壁筒梯度依赖损伤模型解析解 ［D］. 沈阳：沈阳工业大学，2007.

［9］ 朱诗鳌. 坝工技术史 ［M］. 北京：水利电力出版社，1995.

［10］ 吴中如，顾冲时. 大坝安全综合评价专家系统 ［M］. 北京：科学技术出版社，1999.

［11］ ICOLD. The World Register of Dams ［M］. 4th Edition Paris，1988，1 - 4.

［12］ 丁宝瑛，等. 国内典型混凝土坝裂缝情况调查与分析 ［R］. 北京：中国水电科研院，1988（7）：2 - 19.

［13］ 张俊芝，李桂青. 服役重力坝系统可靠度及概率寿命探讨 ［J］. 水利学报，2000（4）：40 - 45.

［14］ 何金平，李珍照. 大坝安全改造方案多目标风险决策方法 ［J］. 海河水利，1998（1）：20 - 22.

［15］ 李君纯，李雷，盛金保，杨正华. 水库大坝安全评判的研究 ［J］. 水利水运科学研究，1999（1）：77 - 82.

［16］ 吴兴征，赵进勇. 堤防结构风险分析理论及其应用 ［J］. 水利学报，2003（8）：79 - 85.

［17］ 李树枫，万林梅，魏代现. 土石坝老化病害评价的量化分析法 ［J］. 山东农业大学学报，2004，35（4）：582 - 588.

［18］ 李雷，盛金保. 土石坝安全度综合评价方法初探 ［J］. 大坝观测与土工测试，1998，23（4）：22 - 28.

［19］ 朱伟，刘汉龙，高玉峰，山村和也. 堤防抗震设计的原则与方法 ［J］. 水利学报，2002（10）：113 - 118.

［20］ 沈伯跃，周建民. 现有结构抗震可靠度计算方法的研究 ［J］. 上海铁道大学学报，2000，21（12）：36 - 43.

［21］ 陈进，黄薇. 重力坝系统可靠度研究方法探讨 ［J］. 长江科学院院报，1997，14

(1)：21-24.

[22] 贡金鑫，赵国藩．考虑抗力随时间变化的结构可靠度分析 [J]．建筑结构学报，1998，19 (5)：43-51.

[23] 李清富，赵国藩．结构概率寿命估计 [J]．工业建筑，1995，25 (8)：8-10.

[24] 刘崇熙，汪在芹．坝工混凝土耐久寿命的衰变规律 [J]．长江科学院院报，2000，17 (2)：18-21.

[25] 刘崇熙，汪在芹．坝工混凝土耐久寿命的现状和问题 [J]．长江科学院院报，2000，17 (1)：17-20.

[26] 彭辉，田斌，刘德富．混凝土重力坝安全可靠性时变模型研究 [J]．水力发电，2009，35 (8)：77-79.

[27] 徐金．现役重力坝使用寿命的预测 [D]．合肥：合肥工业大学，2005.

[28] 李振富，王日宣．重力坝抗震动力可靠度分析 [J]．天津大学学报，1995 (5)：668-672.

[29] 王日宣．多级孔板泄洪洞的结构动力可靠性研究 [J]．天津大学学报，1991 (增刊)：23-28.

[30] Ditlevsen O Narrow Reliability Bounds for Structural System [J]. Journal of Structural Mechanics，1979，7 (4)：453-472.

[31] Mori Y，Ellingwood R. Time-dependent System Reliability Analysis Adaptive Importance Sampling [J]. Structural Safety，1993，12 (1)：59-73.

[32] Peng Hui，Tian Bin. Study on Life Prediction Model of Concrete Dam Based on Dry Zoning and Damage Theory [J]. Journal of Environmental Science and Engineering，2012，1 (10)：499-509.

[33] 李继清，张玉山，王丽萍，纪昌明．水电站经济效益风险分析研究 [J]．水电能源科学，2002，20 (3)：72-74.

[34] 覃爱基．堤防风险经济分析方法 [J]．水利经济，1992 (4)：19-22.

[35] 余进生，亢春建，张停．丹江口大坝加高后发电效益的探讨 [J]．水利水电科技进展，2005，25 (6)：88-90.

第 7 章

大坝经济寿命及决策评判模型研究

目前在世界范围内有大量的水坝等待被拆除和修复[1-5]，同时一些相关的政策和处理导则也被相继提出来（ASCE，1997；Doyle et al，2003），利用社会学的一些理念和原理进行大坝拆除的科学决策已经取得了不少的成绩。因各国的水利工程在各自国民经济中的地位不同，因此不能用统一的拆除方案，必须要有科学、灵活的决策方法和理论。除美国外，目前国外许多国家在大坝拆除方面都未作系统、科学的研究，在多数情况下，主要片面根据生态以及经济因素、安全因素等来考虑和评价大坝，没有建立一套切实可行的计算理论和方法。

本章借助经济学理论，根据大坝每年带来的经济损失（包括生态损失、结构安全损失、发电效益损失、服务价值损失）随时间变化以及每年产生的经济效益随时间变化这一特点，建立大坝拆除的决策判断模型。其原理是：如果在时刻 t 处，大坝总的经济效益大于大坝总的经济损失，那么，该大坝不需要拆除，这说明该大坝还可以继续发挥经济效益；若在时刻 t 处，大坝总的经济效益小于大坝总的经济损失，那么，该大坝无法发挥正常经济效益，面临拆除；如果某时刻 $t=t^*$，大坝总的经济效益等于大坝总的经济损失，则大坝必须进行综合评价，最终确定是否被拆除。

7.1　评判模型的建立

7.1.1　大坝年效益与损失的计算

根据前面的分析，大坝每年带来的经济效益 B_a 是可以计算出来的，包括供水效益（$V_水$）、灌溉效益（$V_灌$）、发电效益（$V_电$）、航运效益（$V_航$）、水库调蓄洪水的价值（$V_调$）、文化娱乐功能增加的旅游收益（$V_旅$）、生物栖息地增减带来的效益（$V_生$）、减少温室气体排放带来的效益（$V_温$）等。大坝经济效益是时间 t 的函数，因为发电效益每年是变化的，每年总效益计算公式（前面章节已推导）为

$$B_a = V_水 + V_灌 + V_电 + V_航 + V_调 + V_旅 + V_生 + V_温 \tag{7.1}$$

而大坝每年带来的经济损失 D_a 通过前面的推导可以写出其计算表达式，包括提供粮食生产（$V_粮$）、渔业生产（$V_鱼$）、有机质生产（$V_植物$）、水土流失防治（$V_土$）、防洪堤岸及库区生态修复（$V_防$）、水库大坝维修费用（$V_维$）、水库淤沙清理（$V_沙$）、水质净化处理（$V_废$）、物种消失造成损失（$V_物$）、文物价值损失（$V_文$）等。具体含义参见 4.4 节定义，损失也是时间 t 的函数，即

$$D_a = V_粮 + V_鱼 + V_植物 + V_土 + V_防 + V_维 + V_沙 + V_废 + V_物 + V_文$$

一般而言，大坝在运行初期，由于人们的管理和维护，大坝的经济效益比较明显，受到社会的关注度很大。过了若干年后，随着经济的发展，大坝带来的经济效益逐渐趋于平稳，然而维修的费用越来越大，相对而言，说明大坝经济效益逐年降低。而大坝每年带来的经济损失 D_a 受到多个因素的影响，具有随机性，且随时间的增长有逐渐加大的趋势，这也证实了大坝随着坝龄的增高，大坝失效的可能性加大，造成的经济损失、安全损失的可能性也会加大，即 $\dfrac{dD_a}{dt} \geqslant 0$，说明大坝损失是一个递增函数。否则大坝永远不会失事和拆除。另外一个不可忽视的事实就是：任何事物都具有两面性，产生经济效益越大的水电工程，一旦出事可能引起的损失也会越大，这就是说大坝的损失与效益存在必然的关系。

根据每年的大坝效益 B_a，结合大坝每年造成的经济损失 D_a，可以做出如下三个判断：

（1）采取拆除措施。

（2）采取修补措施（包括大坝加固、生态恢复、水库清淤等）。

（3）不采取任何措施。

当大坝不用拆除时，大坝每年的经济净效益将是（$B_a - D_a$）；当大坝立即被拆除，则大坝每年的净效益（$B_a - D_a$）将不复存在；而先修复再拆除，则修复一段时间后，每年的净效益会有所增加或者损失会有所下降，例如，增设鱼道、大坝结构修复、库区治理等。以增设鱼道来说，尽管大坝成本增加，但是有了鱼道后，鱼的产量也会增加，经济效益会提高，否则就不修而直接拆除。修复后使用一段时间，损失又会逐渐增加并抵消效益的增加，最终导致大坝再次面临拆除。

7.1.2 评判模型计算原理

因为大坝自修建之日起，若忽略人为及自然因素的随机影响，大坝每年带来的经济效益是逐年减少的，因为随着人口的增加和经济发展，人们对河流特别是水量的需求越来越多，势必引起河流天然径流量的绝对减少；另一方面，

因拦河大坝的修建，显著改变了河流天然的水文特性，造成蒸发量、渗漏量、泥沙淤积，特别是河流每年调节流量的改变，这些因素时刻影响着河流本身的服务价值。这里假定大坝修建投产之日，$V_水$、$V_灌$、$V_航$、$V_调$、$V_旅$、$V_生$ 等都保持不变（并不是恒定不变的，而是为计算简便假定保持不变），而变化的量为 $V_电$ 和 $V_温$，且每年递减，则每年总的经济效益 $B_a = g(t)$ 也是每年递减，可以用图 7.1 所示曲线表示（该曲线可能向下凸，也可能向上凸，视具体计算结果）。

初始时刻：$B_a = V_水 + V_灌 + V_电 + V_航 + V_调 + V_旅 + V_生 + V_温$

同理大坝每年带来的经济损失 $D_a = f(t)$ 中大坝维修费用及风险损失 $V_维$ 随时间变化迅速，且逐年增加，而其他量可以近似认为保持恒量。于是大坝每年的总的经济损失可以用图 7.2 描述。

在初始时刻：$D_{a1} = V_粮 + V_鱼 + V_植物 + V_土 + V_防 + V_维 + V_沙 + V_废 + V_物 + V_文$

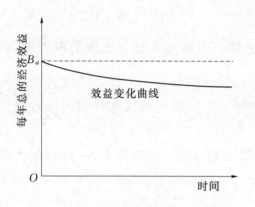

图 7.1　大坝每年总的经济效益随
　　　　时间变化过程

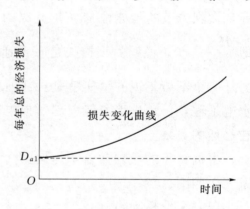

图 7.2　大坝每年总的经济损失随
　　　　时间变化过程

1. 修复前效益-损失临界时间的计算原理

根据每年总的经济效益与总的经济损失变化过程，可以找到大坝每年总的经济效益与总的经济损失相等时刻的临界值 t^*。其图解计算如图 7.3 所示。

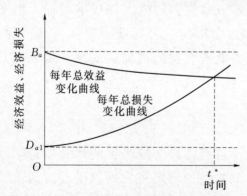

图 7.3　大坝临界经济使用寿命计算示意图

当 $t = t^*$ 时，说明大坝总的经济效益与总的经济损失相等；由于损失每年增加，而效益每年下降，因此，$t > t^*$ 后，大坝每年的经济效益无法弥补大坝每年带来的经济损失，其结果可能为二：一是直接拆除；二是采取补救和修复措施延长寿命。大坝一旦修建，当地的许多经济活动都与大坝密切相关，而大坝拆除本身是一个十分复杂的社会经济问题，不能凭借简单的理由来决定大坝是否被拆除，还需要进一步做大量工作，如能否考虑补救措施延续该大坝的经济使用寿命。本章从安全、经济、生态保护的角度，来考虑大坝修复补救措施，以延续大坝经济寿命为主。

在 $t=t^*$ 时刻，假定大坝需要进行修复和改扩建一些设施，如增加过鱼通道，有利于恢复各类水生生物特别是鱼类的产量和品种。大坝在进行修复时，需要增加资金投入和成本 F_1，这部分经费一般可以认为是在某一时刻一次性投入，不需要考虑银行折现率影响，但修复后大坝效益却有可能增加（鱼的产量加大、生态效益增加等）或者大坝损失有所减少（维修费减少、结构损失减少等），这里效益增加量用 B_1 表示。经过修复，年损失曲线与年效益曲线在 $t>t^*$ 后存在交点 $t=t_1^*$，于是大坝修复之后的效益损失临界时间值 t_1^* 可以被计算出来，且两个临界时间的间隔 $\Delta t=t_1^*-t^*$（图 7.4）即为大坝延续的经济使用寿命。换言之，如果损失曲线在效益曲线之下，则大坝不会立即拆除，而必须比较大坝被延长的寿命与一次性修复费用回收年限之间的关系。若延长的寿命大于或等于一次性修复费用回收年限，则说明选择的修复措施可能合理，同时还须进行经济评价；如果延长的寿命小于一次性修复费用回收年限，则说明选择的修复措施很可能不合理，也需要进行经济评价，最终确定是否可行。如果经过计算和经济评价认为并不经济，则大坝不必修复，可以考虑拆除大坝或让其自然废弃。如果需要人为投资进行拆除，则同样需要计算拆除费用回收年限（图 7.5）和与之对应的经济评价。

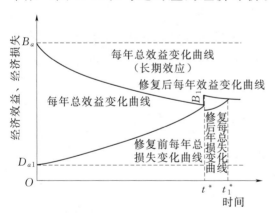

图 7.4　修复后大坝新的效益-损失临界
时间 t_1^* 计算示意图

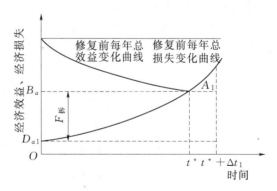

图 7.5　不修复大坝直接拆除费用回收
年限 Δt_1 计算示意图

A_1—大坝不修复每年带来的损失与拆除
费用之差的累积费用

2. 大坝修复判别计算原理

修复后新的效益与新的损失之间的交点为 t_1^*，在 $[t^*,t_1^*]$ 区间内，每年

新的效益大于新的损失，因此该时间段内多年绝对净效益定义为

$$A = \int_{t^*}^{t_1^*} \left[g(t) - f(t) \right] \mathrm{d}t$$

式中　$g(t)$、$f(t)$——修复后年效益函数和年损失函数。

然而，在 $t = t^*$ 处一次性投入费用 F_1，在 $\Delta t = t_1^* - t^*$ 这段时间内，一次性投入费用必须通过每年获得的净收入来进行补偿，此区间内年平均净收入为 $R = A / (t_1^* - t^*)$。

根据投资回收期法，当投资回收期为 T 时，有

$$F_1 (1+i)^T = R (1+i)^{T-1} + R (1+i)^{T-2} + \cdots + R (1+i) + R$$

即

$$F_1 = R \frac{(1+i)^T - 1}{i (1+i)^T}$$

则回收期 $T = \dfrac{\lg R - \lg(R - iF_1)}{\lg(1+i)}$ 可以计算出来。若 $T > t_1^* - t^*$，说明修复后大坝延长的使用年限小于一次性修复费用回收年限；若 $T < t_1^* - t^*$，说明修复后大坝延长的使用年限大于一次性修复费用回收年限；若 $T = t_1^* - t^*$，说明修复后大坝延长的使用年限刚好等于一次性修复费用回收年限。投资回收年限 T 在某种程度上可以用来评价大坝修复效果，但是因回收年限计算中受社会折现率等经济指标影响，计算结果带有不确定性，在工程领域较少采用，因此，本章采用国民经济评价体系中的另外两个指标进行评价[6-7]，即经济内部收益率（EIRR）和经济净现值率（ENPVR）。EIRR 是用以反映水利建设项目对国民经济贡献的相对指标，它是使项目在计算期内经济净现值累计等于零时的折现率，一般情况下，当 EIRR 大于或等于社会折现率 i 时，建设项目在经济上合理可行。计算原理如下

$$\sum_{t=1}^{n} (B - C)_t (1 + \mathrm{EIRR})^{-t} = 0$$

式中　B——年效益，即一年范围内产出效益；

　　　C——年费用，即一年范围内投入费用；

$(B - C)_t$——第 t 年净效益；

　　　n——计算期年数。

经济净现值率为经济净现值 ENPV 与投资现值之比，它是反映项目单位投资为国民经济所作净贡献的相对指标，若该指标大于等于零，说明从经济评价角度讲可行，该指标越大，项目经济效果越好，计算原理如下

$$\mathrm{ENPV} = \sum_{t=1}^{n} (B - C)_t (1 + i)^{-t}$$

$$\text{ENPVR} = \frac{\text{ENPV}}{I_p} = \frac{\sum_{t=1}^{n} (B - C)_t (1 + i)^{-t}}{I_p}$$

式中　i——社会折现率，2007 年国家规范认定水电行业社会折现率 $i = 7\%$；

　　　I_p——投资现值。

如果经济评价结果表明大坝修复毫无意义，大坝需要被拆除（大坝有可能人工拆除，也有可能自然废弃），而此刻 $t = t^*$ 时需要比较大坝拆除费用 $F_拆$ 与 RD 的关系，如果 $F_拆 > \text{RD}$，说明人为投入的拆除费用高于大坝带来的损失，因此这种情况不需要投资进行拆除，而是让大坝自然废弃；如果 $F_拆 \leqslant \text{RD}$ 则说明大坝带来的自然损失大于等于人为投资进行拆除的费用，因此需要投资进行拆除，否则大坝 $t > t^*$ 之后带来的损失会更大，得不偿失。同样的，相应的拆除费用 $F_拆$ 回收年限 Δt_1 计算过程如下

$$A_1 = \int_{t^*}^{t^* + \Delta t_1} (\text{RD} - F_拆) \mathrm{d}t$$

平均盈利
$$R_1 = \frac{A_1}{\Delta t_1}$$

$$F_拆 = R_1 \frac{(1 + i)^{\Delta t_1} - 1}{i (1 + i)^{\Delta t_1}}$$

$$\Delta t_1 = \frac{\lg R_1 - \lg(R_1 - i F_拆)}{\lg(1 + i)}$$

同样的，如果人为投资拆除大坝，不仅需要计算投资回收年限，也需要根据国民经济评价体系进行效益评价，计算步骤与前面论述内容一样。

3. 大坝修复后可能的效益-损失关系变化规律

大坝决定进行修复后，因不同的修复措施可能带来不同的效益-损失关系。例如，利用洪水期弃水进行冲淤，能有效地增大兴利库容蓄水量，从而利用更多的蓄水在枯水期进行发电，增加效益，而事实上大坝每年损失保持不变；如果既采用大坝结构加固措施又采用洪水冲淤或者增设鱼道，则可以在降低大坝每年损失的同时增加大坝效益；如果仅仅开展大坝结构修复，则大坝效益不变而损失降低。因此，大坝修复后带来的主要结果有以下三种：

（1）损失减少，效益增加（如采取大坝加固、水库冲淤等措施，如图 7.6 所示）。

该结果中所需要的一次性投资 F_1 主要为大坝加固费用和水库淤积清理费用两部分，具体计算方法将在应用举例中详细分析。

（2）效益不变，损失降低（如大坝加固或鱼道兴建，如图 7.7 所示）。该

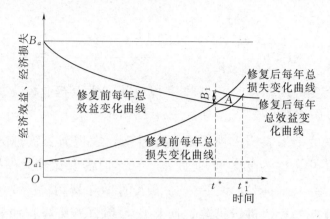

图 7.6 修复后损失减少效益增加计算示意图

A—修复后随时间变化大坝净效益

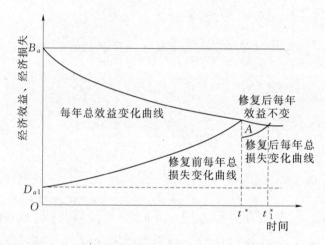

图 7.7 修复后损失减少效益不变计算示意图

结果中所需要的一次性投资 F_1 主要为大坝加固费用或者兴建鱼道投资成本，具体计算方法将在应用举例中详细分析。

（3）损失不变，效益增加（如水库冲淤，如图 7.8 所示）。该结果中所需要的一次性投资 F_1 主要为水库淤积清理费用两部分，具体计算方法见 7.2 节。

同样的，可以分别计算 $[t^*, t_1^*]$ 时间段内净效益 A 的大小以及可以延长的使用寿命 Δt 。

4. 大坝最终面临拆除研究

当 $t = t_1^*$ 时，同样需要判断大坝经过修复后是否还是面临拆除，而大坝修复后导致拆除的原因有：①随着使用年限增加，大坝安全风险还是增加；②水库持续淤积及上游来水量绝对减少；③生态环境恶化造成生态损失加快。而大坝每年损失量曲线可以根据前面类似的方法分析得到。

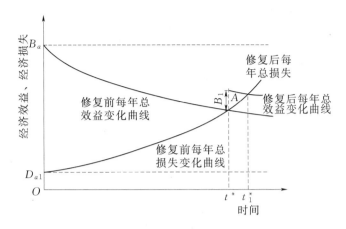

图 7.8 修复后损失不变效益增加计算示意图

设大坝因损失引起拆除需要费用为 $F_{拆}$，根据我国土建工程概预算相关定额计算方法，无论土体还是混凝土，其拆除的费用一律按影子价格法进行计算，即

$$F_{拆} = P_{拆} V_{拆}$$

式中 $P_{拆}$——项目拆除单价，$100 \sim 200$ 元$/m^3$（参考 2007 年的标准）；

$V_{拆}$——所拆建筑物的总体积，m^3。

在 $t = t_1^*$ 时，大坝的损失（包括坝体老化、淤积及来水量减少、生态恶化等带来的损失）始终逐渐增加，而效益还是会逐渐下降，且两条曲线彼此分离，损失曲线位于效益曲线之上，不会再有交点，这也就证实了大坝的确存在一定的经济寿命。研究过程中发现：大坝老化带来的问题最为突出。如果此刻 $F_{拆} > RD$，则说明无论怎样，经过修复后大坝带来的损失总是达不到拆掉大坝需要投入的资金，因此不需要人为投资去拆除，而是让大坝自然废弃和垮掉；但是若在 $t = t_1^*$ 时刻，$F_{拆} \leqslant RD$，则说明拆大坝费用比不拆大坝带来的损失小，因此这种情况下大坝必须人工拆掉，否则损失更大。同样的，也存在费用回收问题，回收年限的时间 Δt_2 可以按下式计算

$$A_2 = \int_{t_1^*}^{t_1^* + \Delta t_2} (RD - F_{拆}) dt$$

平均盈利

$$R_2 = \frac{A_2}{\Delta t_2}$$

$$F_{拆} = R_2 \frac{(1+i)^{\Delta t_2} - 1}{i(1+i)^{\Delta t_2}}$$

$$\Delta t_2 = \frac{\lg R_2 - \lg(R_2 - iF_{拆})}{\lg(1+i)}$$

于是可以计算出大坝拆除费用回收的年限 Δt_2（图 7.9），同样的，经济评价采用前面论述的方法。

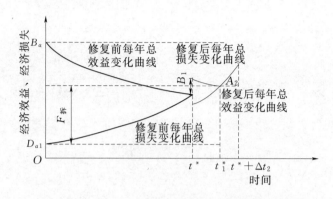

图 7.9 修复后大坝拆除费用回收年限计算示意图

未建坝时，河流的生态损失相对较小，建坝后直接生态损失增加，而间接的生态损失更巨大。在 $t=t_1^*$ 时刻，根据前面分析，无论需要人为拆除大坝还是自然废弃，大坝拆除后，河流生态损失必然会减少，经过相当长一段时间会逐渐恢复到自然河流生态效益水平，因此大坝拆除后生态损失减少。反之，河流生态效益逐渐增加，增加值的大小与大坝在 $t=^*t_1$ 以后带来的损失大小相等。也就是说，大坝拆除后没有带来损失，当然也就是河流恢复的生态效益的增加（图 7.10）。

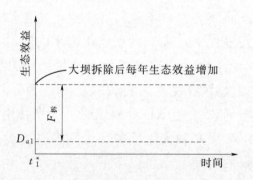

图 7.10 大坝拆除后河流生态效益增加示意图

7.2 案   例

7.2.1 工程概况

某水利枢纽工程 1961 年开始蓄水发电，该工程以防洪为主，兼顾发电、灌溉、养殖等，为引水式电站，辅助工程未设鱼道。工程坝址以上流域面积 8983km²，多年入库平均流量 400m³/s，正常蓄水位 700m，死水位 676m，总库容 71.3 亿 m³，水库死库容为 15 亿 m³，有效库容 51.66 亿 m³，防洪库容 20 亿 m³。工程淹没耕地 60500 亩，淹没影响人口 6012 人，大坝为混凝土重力坝，总体积约 35 万 m³。现取 1976—1999 年共 24 年逐年来水量详细资料，设计保证率 95%。计算河段长 97km，根据坝址处 40 多年的水沙资料分析，选择 1961—1975 年共 15 年的自然系列作为水沙系列典型年，当计算年限超过 15 年后，水沙系列典型年循环使用，共计算 50 年。多年平均含沙量为 13kg/m³，悬移质多年平均输沙量 1.6 亿 t，推移质多年平均输沙量为 1020 万 t。采用非均匀沙计算，将全沙共分 12 组，分组粒径分别为 0.01～2000mm。小于 1.0mm 按悬移质计算，大于 1.0mm 按推移质计算。库区糙率为 0.0375～0.0475。经过大量的资料分析，并参考丹江口水库及其他类似水库的泥沙冲淤计算成果，确定计算水流挟沙率系数 $K = 0.245$，指数 $m = 0.92$，恢复饱和系数冲刷时 $\alpha = 1$，淤积时 $\alpha = 0.25$，泥沙容重取为 $\gamma_{沙} = 1.25 t/m^3$，具体计算结果如图 7.11 和图 7.12 所示。

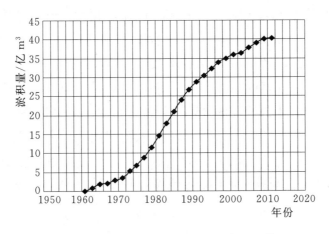

图 7.11　水库泥沙淤积累积量过程线

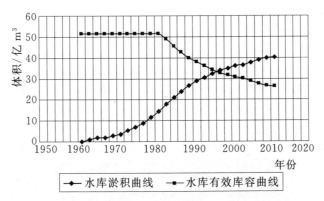

图 7.12　水库有效库容随淤积量变化过程曲线

大坝多年平均工作水头为 95m，电站多年平均发电保证时间为 4500h，流域内河渠纵横，植被良好，农作物以水稻为主。该区域属典型的亚热带季风气候，四季分明，降雨充沛，多年平均降雨量为 1800mm。另外，河流植被破坏严重，水土流失现象明显，多年平均含沙量达到 13kg/m³。流域内有大小水库 270 多座，集水面积占全流域面积的 10%，另外，流域内林地面积占 10%，农田面积占 50%，其他占 30%（城镇面积、河漫滩面积、公路等）。电站处的水文站已有 70 年的历史，观测资料系列较长。1976 年，城镇人口 10 万，农村人口 40 万，牲畜 3 万头，工业总产值 13.32 亿元，万元工业产值耗水 30t，人口自然增长率 0.6%，牲畜增长率 1%，工业产值增长率 7%，林地总面积每年递减率 2%，农田灌溉面积每年增长 1%，其他设施每年占地新增 1%。该流域未建跨流域引水设施，也未发生流域决口事件，计算中城镇人口耗水按 100L/d，农村人口、牲畜按 50L/d 进行计算。

大坝为混凝土重力坝，上游水深 100m，泥沙深度 5m，淤沙高程与坝基高程相差 10m，下游水深 5m，最大坝高 105m，顶宽 7m，底宽 74m，下游面 14.5m 以下为斜面，大坝处在地震基本烈度为 Ⅶ 度地区，大坝设计基准期 100 年。库水位人为控制，另外，大坝洪水按 100 年一遇设计，200 年一遇进行校核，根据当地民政部门统计，按目前的市场价值进行估算，如果未建大坝该河流发生 200 年一遇洪水经济损失约为 46 亿元，1961 年修建大坝耗资 1 亿元，折现率 $i = 0.07$。至今水文站保留了该水库实测的径流量。为了准确地对该电站天然径流量进行还原，选定了 1976—1999 年电站实测径流量系列（表 7.1）作为进行还原计算的控制断面实测径流量，计算结果见表 7.2。

表 7.1　　　　　　　1976—1999 年电站控制断面实测径流量　　　　单位：mm

年　份	流　量	年　份	流　量	年　份	流　量
1976	1516.6	1984	1253.8	1992	1876.5
1977	1633.7	1985	1419.5	1993	1756.5
1978	1550.8	1986	1416.6	1994	891.1
1979	1288.1	1987	1867.9	1995	1028.2
1980	1296.8	1988	1545.2	1996	1122.5
1981	1293.8	1989	1682.3	1997	1036.8
1982	931.1	1990	1822.2	1998	1033.9
1983	1048.2	1991	1410.9	1999	1179.6

表 7.2　　　　　　1976—1999 年电站控制断面还原的天然径流量　　　单位：mm

年　份	径流量	年　份	径流量	年　份	径流量
1976	1519.913	1984	1260.644	1992	1877.208
1977	1637.441	1985	1426.805	1993	1767.727
1978	1554.971	1986	1424.371	1994	902.855
1979	1292.705	1987	1876.142	1995	1040.494
1980	1301.841	1988	1553.921	1996	1135.344
1981	1299.288	1989	1691.506	1997	1050.209
1982	937.036	1990	1831.898	1998	1047.721
1983	1054.589	1991	1421.099	1999	1194.029

7.2.2　基础资料

考虑年周期范围内的丰水期和枯水期，表 7.1 结果也可以用表 7.3 水文计算表格形式进行表述。

表 7.3　　　　　　　水库上游每年来水量及水量差积计算表

年度	年来水量/秒立米月	ΔW/秒立米月	$\sum \Delta W$/秒立米月	年度	年来水量/秒立米月	ΔW/秒立米月	$\sum \Delta W$/秒立米月
1975—1976	5310	510	510	1987—1988	5410	610	840
1976—1977	5720	920	1430	1988—1989	5890	1090	1930
1977—1978	5430	630	2060	1989—1990	6380	1580	3510
1978—1979	4510	−290	1770	1990—1991	4940	140	3650
1979—1980	4540	−260	1510	1991—1992	6570	1770	5420
1980—1981	4530	−270	1240	1992—1993	6150	1350	6770
1981—1982	3260	−1540	−300	1993—1994	3120	−1680	5090
1982—1983	3670	−1130	−1430	1994—1995	3600	−1200	3890
1983—1984	4390	−410	−1840	1995—1996	3930	−870	3020
1984—1985	4970	170	−1670	1996—1997	3630	−1170	1850
1985—1986	4960	160	−1510	1997—1998	3620	−1180	670
1986—1987	6540	1740	230	1998—1999	4130	−670	0

设扬压力折减系数为 α、混凝土抗压强度 R_a、抗拉强度 R_t、混凝土与坝基面的摩擦系数 f、黏聚力 c、混凝土容重 γ_c、上游水位 H_2 以及淤沙压力 P_2 作为随机变量，并设各变量均为正态分布，统计独立，且分布概型不随时间变化，见表 7.4。

表 7.4　　　　　　　　　　大坝随机变量统计特性表

随机变量　　计算值	扬压力折减系数 α	抗拉强度 R_t /MPa	抗压强度 R_a /MPa	黏聚力 c /MPa	摩擦系数 f	混凝土容重 γ_c /(kN·m^{-3})	淤沙浮容重 γ' /(kN·m^{-3})	上游淤沙深度 H_4/m	上游水位 H_2 /m
期望值	0.25	1.0	15	1.0	1.0	23	0.5	5	100
标准差	0.04	0.3	2	0.25	0.2	0.6	0.05	0.2	2.4

计算参数简要说明（《2000 年水利统计公报》相关资料）：水利枢纽工程所在的流域地区目前耕地平均亩产产值为 1500 元/亩，以此作为 $P_{粮}$ 的取值。取鱼价格 $P_{鱼}=10$ 元/kg。影子电价 $P_{电}$ 按 0.3 元/(kW·h) 计。水位提高后，取水减少抽水扬程的费用 $P_{水}=0.02$ 元/m^3，取水的灌溉效益分摊系数 α 取 0.1。节省的单位运输费用按 $P_{运}=0.6$ 元/(t·km) 计，取水环境状况改善后新增的航运效益的分摊系数 $\beta=0.2$。据相关资料，生物质能热电厂的秸秆年发电量 $E_{植物}$ 为 0.06kW·h/t。流域单位水土流失面积的平均费用 $P_{土}$ 约为 30000 元/km^2；治理自然灾害的单价 $P_{防}$ 为 120 元/m^3；多年平均设备维修费每年 $V_{设}$ 为 100 万元，大坝局部维护费用每年 200 万元（不包括坝前清淤）。引用《2000 年水利统计公报》公布数据，2000 年全国已建成水库 85120 座，已建水库总库容达到 5183×10^8 m^3，保护耕地 5.9×10^8 亩，则单位库容保护耕地 A_R 为 0.001138 亩/m^3；调蓄洪水的效益分摊系数 η 取 0.052。南方人工清理河道的成本费用为 4.7 元/t，$P_{沙}$ 取值 4.7 元/t；根据当地情况，$\gamma_{沙}$ 取 1.25t/m^3。对于单位污水处理成本 $P_{废}$，南方运行成本为 0.4~0.6 元/t，取中间值 0.5 元/t。湿地每年每亩提供的各种效益约为 4 万元。每吨煤的价格为 400 元。多年平均消落带面积损失的有机质总量约为 1000 万 t/年。此水利枢纽工程建成后将成为一个休闲旅游景点，旅客参观景点的门票、交通、食宿等的旅行平均支出 $P_{旅}$ 约为 220 元/人次。

7.2.3　每年总效益与总损失的计算

在水头一定情况下，大坝发电效益主要决定于电站可引用流量，由前面的分析研究表明：自然河流在建坝后，坝址处实测的径流量与河流天然径流量相差较大。其原因有二：一方面，天然径流量在大坝上游受工农业生产以及渗漏、蒸发等影响，天然径流量减少；另一方面，扣除受经济社会发展、渗漏、蒸发等因素的影响，入库的剩余流量挟沙入库，造成水库泥沙淤积，影响水库可调节库容大小，一旦有效库容减少，水库为了保证除发电外的各方面的要求，每年可用于径流调节与发电的流量也必将减少。所以，在计算电站可用于发电的流量时，分两部分计算，然后进行叠加。

1. 单独考虑受社会经济发展等因素影响河流天然径流量的计算

根据表 7.4 绘制天然径流量随时间变化过程线如图 7.13 所示。

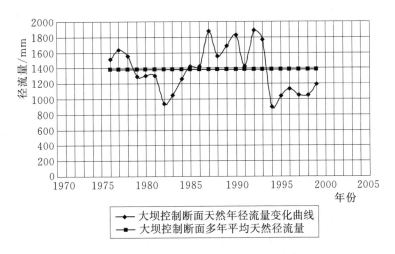

图 7.13 天然径流量随时间变化过程线

根据图 7.13，经计算得到 $E(W_{天然i}) = 1379.6\text{mm}$，即为该河流多年平均径流量，而由于

$$E(W_{天然i}) = E(W_{实测i}) + W_{还原i}$$

于是 $\qquad E(W_{实测i}) = E(W_{天然i}) - W_{还原i} \qquad (i = 1, 2, \cdots, n)$

式中 $\quad E(W_{实测i})$ ——坝址附近（大坝控制断面）多年实测径流量期望值。

当得到天然径流的期望值后，则实测径流的期望随时间的变化过程可以计算出来，因为每年还原量不同，随着时间增长有逐渐增大趋势，也就说明可用于发电的径流量每年有逐渐减少的趋势，趋势图如图 7.14 所示。

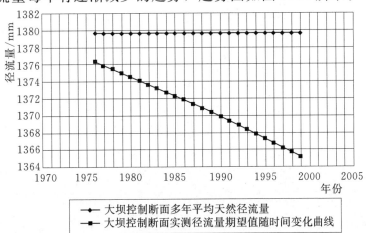

图 7.14 实测每年径流量的期望随时间变化过程线

2. 单独考虑受河流泥沙淤积引起的径流量变化计算

经过计算，有效库容在 1983 年之前保持不变，即 $V_兴 = 2000$ 秒立米月，但在 1983 年之后，每年的有效库容因水库泥沙淤积而逐渐减少，相应于 1984—2010 年平均每年减少的流量计算（计算时段为 24 年共 288 个月）见表 7.5。

表 7.5　　　　　　1984—2010 年平均每年减少的流量计算表

年份	多年平均流量/$(m^3 \cdot s^{-1})$ ($V_兴 = 2000$ 秒立米月)	$Q_调/(m^3 \cdot s^{-1})$ ($V_兴 = 2000$ 秒立米月) 第二枯水段	$Q_调/(m^3 \cdot s^{-1})$ ($V_兴$ 发生变化时) 第二枯水段	调节时段（72 个月）内流量减少值/秒立米月	相应每年平均流量的减少量/$(m^3 \cdot s^{-1})$
1984	400	343.05	340.69	169.92	0.59
1985	400	343.05	339.83	231.84	0.805
1986	400	343.05	339.03	289.44	1.005
1987	400	343.05	338.22	347.76	1.2075
1988	400	343.05	337.47	401.76	1.395
1989	400	343.05	336.71	456.48	1.585
1990	400	343.05	336.18	494.64	1.7175
1991	400	343.05	335.64	533.52	1.8525
1992	400	343.05	335.21	564.48	1.96
1993	400	343.05	334.78	595.44	2.0675
1994	400	343.05	334.27	632.16	2.195
1995	400	343.05	333.78	667.44	2.3175
1996	400	343.05	333.33	699.84	2.43
1997	400	343.05	332.90	730.8	2.5375
1998	400	343.05	332.60	752.4	2.6125
1999	400	343.05	332.30	774	2.6875
2000	400	343.05	332.04	792.72	2.7525
2001	400	343.05	331.77	812.16	2.82
2002	400	343.05	331.66	820.08	2.8475
2003	400	343.05	331.55	828	2.875
2004	400	343.05	331.17	855.36	2.97
2005	400	343.05	330.80	882	3.0625
2006	400	343.05	330.48	905.04	3.1425
2007	400	343.05	330.15	928.8	3.225
2008	400	343.05	329.88	948.24	3.2925
2009	400	343.05	329.62	966.96	3.3575
2010	400	343.05	329.53	973.44	3.38

根据表 7.5 绘制因有效库容淤积多年平均流量年变化曲线如图 7.15 所示。

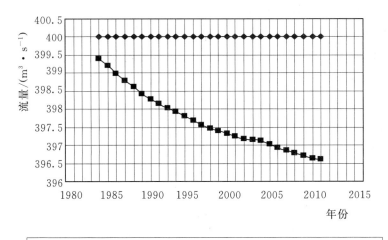

图 7.15　因有效库容淤积多年平均流量年变化曲线

3. 总的可引用径流量计算

根据图 7.14 和图 7.15 可以计算出该电站河流自建坝开始到现在整个时间段实际可引用径流量变化过程（表 7.6），其中 1961—1975 年、2000—2010 年还原后实测径流量根据 1976—1999 年还原后实测径流量曲线 ［线性拟合 $E(W_{实测i}) = -0.4828t + 2330.6$］ 向上、向下外推得到 （表 7.6）。

表 7.6　　　　1961—2010 年电站所在河流实际最终可引用径流量　　　　单位：mm

年份	径流量	年份	径流量	年份	径流量	年份	径流量	年份	径流量	年份	径流量	年份	径流量
1961	399.66	1969	398.54	1977	397.35	1985	395.51	1993	393.11	2001	391.25	2009	389.60
1962	399.51	1970	398.39	1978	397.22	1986	395.18	1994	392.84	2002	391.09	2010	389.44
1963	399.37	1971	398.26	1979	397.10	1987	394.84	1995	392.56	2003	390.92		
1964	399.23	1972	398.12	1980	396.97	1988	394.51	1996	392.29	2004	390.69		
1965	399.09	1973	397.98	1981	396.84	1989	394.18	1997	392.02	2005	390.45		
1966	398.95	1974	397.84	1982	396.71	1990	393.91	1998	391.83	2006	390.23		
1967	398.81	1975	397.70	1983	396.58	1991	393.63	1999	391.57	2007	390.01		
1968	398.67	1976	397.47	1984	395.86	1992	393.38	2000	391.46	2008	389.81		

表 7.7　　　　1961—1975 年、2000—2010 年该电站控制断面天然径流量　　单位：mm

年份	径流量	年份	径流量	年份	径流量	年份	径流量
1961	1383.83	1968	1380.45	1975	1377.07	2006	1362.10
1962	1383.35	1969	1379.97	2000	1365.00	2007	1361.62
1963	1382.86	1970	1379.48	2001	1364.52	2008	1361.14
1964	1382.38	1971	1379.00	2002	1364.03	2009	1360.65
1965	1381.90	1972	1378.52	2003	1363.55	2010	1360.17
1966	1381.42	1973	1378.04	2004	1363.07		
1967	1380.93	1974	1377.55	2005	1362.59		

4. 总的每年可发电量计算

依据表 7.6 计算结果，可以很容易计算出 1961—2010 年间电站每年的发电量，大坝多年平均水头 95m，电站多年平均发电保证时间为 4500h/年，发电效率 $\eta=0.9$，则根据 $Q_电=9.81\eta E(W_{实测i})HT_{每年发电保证时间}$，这里 $E(W_{实测i})$ 即为表 7.7 计算结果，最终每年发电量列于表 7.8。

表 7.8　　　　　　　　1961—2010 年电站发电量表　　　　　单位：亿 kW

年份	发电量	年份	发电量	年份	发电量	年份	发电量	年份	发电量	年份	发电量	年份	发电量
1961	15.085	1969	15.042	1977	14.998	1985	14.928	1993	14.837	2001	14.767	2009	14.705
1962	15.079	1970	15.037	1978	14.993	1986	14.915	1994	14.827	2002	14.761	2010	14.699
1963	15.074	1971	15.032	1979	14.988	1987	14.903	1995	14.817	2003	14.755		
1964	15.069	1972	15.027	1980	14.983	1988	14.890	1996	14.806	2004	14.746		
1965	15.063	1973	15.021	1981	14.978	1989	14.878	1997	14.796	2005	14.737		
1966	15.058	1974	15.015	1982	14.973	1990	14.868	1998	14.789	2006	14.728		
1967	15.053	1975	15.011	1983	14.968	1991	14.857	1999	14.779	2007	14.721		
1968	15.047	1976	15.002	1984	14.941	1992	14.848	2000	14.775	2008	14.713		

5. 其他损失与效益计算

根据对该水电工程项目多年的调查研究发现：大坝兴建造成每年平均 1150km² 的水土流失；水库开发每年新增游客 14455 人；水库修建造成每年减少污水处理体积 1600 万 m³；每年平均坝前清理泥沙 45 万 m³；增加航运距离 52km，每年的运输总量 50 万 t；每年给附近 18600 亩农田提供灌溉水源；年供水能力 5500 万 m³；每年水库新增鱼产量 250t，但下游减少鱼产量 600t；为保证水库及大坝安全，每年处理大坝附近边坡、库区滑坡等地质灾害和其他配套工程（如绿化环保方面）累计体积 470 万 m³；由于水库兴建，淹没大片土地，因此该面积土地无法生长各类植物，根据当地植被分布情况，调查估算每年损失植物总量 8000 万 t，修建大坝未造成物种损失，这里 $V_物=0$，修建大坝后上游湿地增加 1000 亩，下游湿地减少 800 亩；文物景观价值损失不考虑，即 $V_文=0$；另外，设大坝因损失引起拆除需要费用为 F_1，根据我国土建工程概预算相关定额计算方法，无论土体还是混凝土，其拆除的费用一律按影子价格法进行计算，即 $F_1=P_拆 V_拆$，这里 $P_拆$ 为项目拆除单价（100～200 元/m³），$V_拆$ 为所拆建筑物的总体积（m³）。根据前面导出的公式，计算如下：

（1）提供粮食生产费用为
$$V_粮=P_粮 S_耕=1500×60500=9075（万元）$$

（2）渔业生产费用为
$$V_鱼=P_鱼 Q_{鱼下}-P_鱼 Q_{鱼上}=10×(600000-250000)=350（万元）$$

（3）发电费用为
$$V_电=P_电 Q_电=0.3Q_电（万元）$$

（4）供水费用为
$$V_水=P_水 Q_水=0.02×5500=110（万元）$$

（5）灌溉费用为
$$V_灌=\alpha P_粮 S_灌=0.1×1500×18600=279（万元）$$

（6）航运费用为
$$V_航=\beta P_运 DQ_货=0.2×0.6×52×500000=312（万元）$$

（7）有机质生产费用为
$$V_植物=P_电 E_植物 Q_植物=0.3×80000000×0.06=144（万元）$$

（8）水土流失费用为
$$V_土=P_土 S_土=30000×1150=3450（万元）$$

（9）防洪堤防及生态修复费用为
$$V_防=P_防 S_防=120×4700000=56400（万元）$$

（10）水库大坝整体维修费用为
$$V_维=V_结+V_设=RD+V_设=RD+300（万元）$$

（11）调蓄洪水费用为
$$V_调=\eta P_粮 A_R R=0.052×1500×0.001138×20×10^8=17752.8（万元）$$

（12）进水口附近及拦污栅清淤费用为
$$V_沙=P_沙 \gamma_沙 V_清=4.7×1.25×450000=264.375（万元）$$

（13）水质净化费用为

133

$$V_废 = P_废 Q_废 = 0.5 \times 16000000 = 800（万元）$$

（14）旅游收入及文化娱乐费用为

$$V_旅 = P_旅 Q_旅 = 220 \times 14455 = 318（万元）$$

（15）生物栖息地价值费用为

$$V_生 = P_生 S_上 - P_生 S_下 = 40000 \times 1000 - 40000 \times 800 = 800（万元）$$

（16）温室气体排放价值费用为

$$V_温 = P_煤 Q_煤 - P_煤 Q_消 = P_煤 Q_电 / 7560 - P_煤 E_消 / 7560$$
$$= 0.0529 Q_电 - 3.17（万元）$$

6. 大坝每年总效益与总损失计算

每年总的经济效益为

$$B_a = g(t) = V_水 + V_灌 + V_电 + V_航 + V_调 + V_旅 + V_生 + V_温$$
$$= 19568.63 + 0.3529 Q_电（万元）$$

每年总的经济损失为

$$D_a = f(t) = V_粮 + V_鱼 + V_植物 + V_土 + V_防 + V_维 + V_沙 + V_废 + V_物 + V_文$$
$$= 70783.375 + RD（万元）$$

大坝拆除费用为

$$F_拆 = P_拆 V_拆 = 150 \times 350000 = 5250（万元）$$

7.2.4　建坝后效益-损失临界时间 t^* 的计算

由每年的经济效益为

$$B_a = g(t) = V_水 + V_灌 + V_电 + V_航 + V_调 + V_旅 + V_生 + V_温$$
$$= 19568.63 + 0.3529 Q_电（万元）$$

可以做出大坝每年效益随时间变化曲线，同理，根据每年的经济损失表达式为

$$D_a = f(t) = V_粮 + V_鱼 + V_植物 + V_土 + V_防 + V_维 + V_沙 + V_废 + V_物 + V_文$$
$$= 70783.375 + RD（万元）$$

RD 按第 6 章表 6.4 计算失效概率进行计算，只不过这里的 $L = 46$ 亿元，不包括大坝恢复费用和恢复期发电效益损失，因为研究的目的是否确定大坝会被拆除，若 L 包括后面两项，则表明大坝已经不存在，对大坝进行拆除评判毫无意义。也可以做出大坝每年总损失随时间变化曲线，具体如图 7.16 所示。

图 7.16 中两条曲线拟合结果分别为

每年效益变化曲线　　$B_a = g(t) = -0.1652t^2 + 630.54t - 528475$

每年损失变化曲线　　$D_a = f(t) = 0.1731t^2 - 676.03t + 731013$

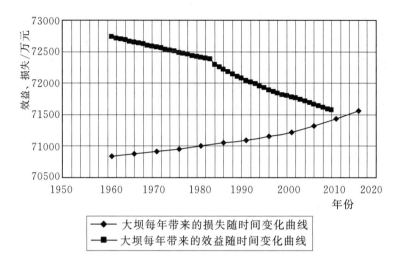

图 7.16　大坝每年效益与每年损失随时间变化过程曲线

即可找出效益-损失临界时间 t^* ＝2016 年。也就是说，大坝从建坝开始产生效益到 2015 年之间，每年效益大于每年损失，到了 2016 年，效益与损失相等，从 2017 年开始，大坝损失大于效益，电站负面效应日趋严重，需要进行治理。

7.2.5　大坝修复后效益-损失临界时间 t_1^* 的计算

从该水电工程目前运行的情况看，到 2016 年，大坝每年的损失与效益基本持平，从 2017 年开始，大坝每年效益无法弥补每年造成的经济损失，因此在 2016 年就必须对大坝及其库区范围进行认真评估，找出相应办法来适当延长大坝使用寿命，毕竟大坝拆除是一个复杂的社会经济和工程问题，不能随意加以拆除。从大坝每年总损失曲线可以发现，影响效益-损失的主要因素很多，但最主要的变化因素却直接和大坝结构可靠度密切相关，而影响可靠度的主要因素有：①坝体混凝土强度衰减；②坝基扬压力变化；③水荷载及泥沙压力随时间变化等因素有关。另外，影响一座大坝发电效益最主要的因素为电站可引用流量的多少，可引用流量越大，发电效益约好，反之则越差，因此除了提高大坝结构可靠性外，如何尽量发挥水库经济效益也是值得考虑的重要因素。而水库效益的大小直接与有效库容体积密切相关，所以水库清淤是充分发挥水库经济效益的有效手段之一。在影响大坝可靠性的 3 种主要影响因素中，通过新的修复措施，如灌浆可以有效地降低坝基扬压力，通过坝体混凝土修复可以显著提高坝体混凝土的强度指标。另外，在一些河流上，适当增加或改扩建一些大坝辅助设施和对库区周边工程治理（如鱼道）也可以有效地增加大坝水库鱼类繁殖，从而最终增加大坝生态效益。而在提高大坝经济效益的手段上可以选择水库清淤，减少泥沙淤积有效库容的体积。

如果决策模型评价的结果表明某个大坝不需要拆除，则必须认真对待该大坝现存的问题，并提出相应的处理措施和建议，尽可能地延长大坝使用寿命和效益，同时减少生态危害。因结构老化、气候变化、河流水文特性的改变以及因人为在当初设计、施工以及后来的管理上产生的各种问题，大坝经过多年运行以后都会面临或多或少的生态问题和结构问题，例如，大坝防洪标准偏低、结构老化严重、抗震能力明显不足、人为破坏严重、鱼道废弃等。为此，要提出大坝修复与加固措施，必须根据大坝具体存在的问题进行研究。

兴建大坝将"河川径流环境"变为"水库环境"，可引起河流流量和水质以及河流生态系统的变化。另外，除了库区自身外，由于水库周边土地利用的变化，绿地减少，可能导致邻近地区宝贵生境的损失。因此，要使一座大坝在建设过程中和在运行中遵循环境保护的基本原则，就必须做到以下几个方面：

（1）大坝附近进行生态保护和修复。包括植树造林和林区迁移；生境保护；修复料场；坝址植被覆盖；提供河道生态径流；修建新的生境，如浮岛、湿地或野生生物保护区；建立环境上健全的农业。

（2）大坝本身生态修复。大坝结构设计要满足下游生态需水量要求；电站调度要围绕生态保护原则；注意大坝本身排污和净化问题；原有鱼道和鱼梯的改扩建问题。

（3）生态旅游。开展水上运动和其他娱乐活动，促进"绿色旅游"。

（4）风景和文化遗产。对大坝外观进行景观规划和设计；保留地方特色；保护文化遗产。

（5）加强大坝周围生态监测和保护工作。

（6）其他方面。就地取材，利用再生材料；保护表土；消除土壤污染源；实施生态监控系统；以生态可持续的方式建房、修路和建设村庄。

对于土石坝，洪水标准复核、防渗、泄水建筑物安全复核成为首要关心的问题。一旦经过计算和复核，就必须采取适当的措施和方法加以处理。例如，洪水标准偏低时，大坝本身必须加高加厚，同时泄水建筑物需要提高泄流标准；如果大坝出现渗漏问题，则必须采取一定的方法进行防渗，如灌浆或采用土工织物进行防渗处理，同时做好上下游坡体的防护工作。

对于混凝土大坝而言，最主要的问题为：洪水标准、混凝土老化、抗震问题、防渗。针对上述问题，需要做到：①大坝上游面水位消落区内混凝土定期检查修复；②大坝表面混凝土破损带用外包钢筋混凝土护面，以解决表面混凝土老化及防渗问题；③上游面横缝间用沥青混凝土防渗层或更换止水材料；④坝顶加高以提高防洪能力；⑤对坝体进行局部锚固以提高大坝抗震性及整体性；⑥对坝体进行灌浆及排水以提高其防渗性；⑦对大坝监测系统进行改造和实现监测自动化以提高大坝运行管理水平。

本章主要选取四种方式进行修复：①坝体混凝土强度修补，增强混凝土抗压和抗拉强度，该方式能有效地减少大坝每年带来的损失，但不能增加大坝每年带来的效益；②坝基灌浆减少扬压力，该方式能有效地减少大坝每年带来的损失，但不能增加大坝每年带来的效益；③增设鱼道，也能减少大坝带来的生态损失，这里主要指鱼产量逐渐增加，但不会显著改变大坝每年的经济效益；④水库清淤，能有效地增加可引用流量大小，增加发电效益，但大坝每年带来的损失不变。下面选取三种修复方案来比较大坝是否拆除。对一个大坝而言，如果所有的修复方案都不经济，则只有立即拆除，但是若只要有一种修复方案可行，则需尽量进行修复，适当延长大坝使用年限，这不仅对大坝本身而言是合理的，而且对当地经济社会发展也至关重要，毕竟大坝拆除不是一个简单的事情，需要慎重对待。

1. 方案一

利用方案一，修复后大坝损失减少，效益增加（采取大坝加固措施，如混凝土修补和基础灌浆，以及水库清淤）。

（1）大坝混凝土强度修补[8]。MMA 基混凝土修补材料是由甲基丙烯酸甲酯（MMA）和引发剂、增塑剂等合成的高分子聚合物，黏度小且可以通过聚合度的控制进行调整，适宜于细裂纹的修复与修补。研究表明，改性 MMA 基修补材料收缩接近为 0；拉伸强度为 46MPa，抗弯强度为 90MPa，与砂浆的黏结强度为 3.25～9.85MPa；紫外光照射一个月，修补材料的强度可以保持 99%；经高温热震和低温热震循环 300 次后，修补材料的拉伸强度减小为 21.56MPa，弯曲强度减小为 40.4MPa，但仍然远远大于水泥混凝土的强度，且经过修复混凝土强度能达到原始强度的 95% 以上，因大坝混凝土的修复主要目的减少渗漏、抗冻、补强及增强局部整体性，因而修复多集中在大坝上下游表面局部范围内，且修复单位面积成本取为 2500 元/m²。

因大坝 1961 年投入生产，到 2016 年共经历 55 年，大坝混凝土原始抗压和抗拉强度分别为 15MPa 和 1MPa，由于混凝土强度服从指数衰减变化规律 $k_2 = \psi_2(t) = e^{-0.005t}$，所以在 2016 年大坝混凝土的抗压强度变为 $15e^{-0.005 \times 55} = 11.4(MPa)$，抗拉强度变为 $e^{-0.005 \times 55} = 0.76(MPa)$。经过 MMA 基混凝土修补，大坝混凝土其抗压和抗拉强度分别达到原始强度的 95%，即为 14.25MPa 和 0.95MPa（假定修补后混凝土强度指标衰减规律不变）。另外，修补主要集中在坝踵和坝趾附近区域约 300m² 范围内，因此这部分修复所需花费为 75 万元。

（2）大坝灌浆减少扬压力[9]。帷幕灌浆的主要目的是降低坝基渗透压力，防止坝基产生机械或化学管涌，减少坝基渗漏量。灌浆材料最常用的是水泥浆，有时也用化学灌浆。依据规范，防渗帷幕深度约为坝高的 0.3～0.7 倍，这里取为 0.5 倍坝高。因坝高超过 70m，属于高坝，因此沿坝轴线设两排灌浆孔，一排的深度为 0.5 倍坝高，另一排深度为坝高的 1/4～1/3，灌浆孔排距为 1.5～4m，所以帷幕灌浆量约为 2450m³，而水泥浆密度约为 1.35～1.88t/m³，所以总重量约为 3956t，而灌浆单价约为 1600～1800 元/t，因此这部分费用约为 672 万元。这里假定灌浆后扬压力折减系数恢复到原来的 0.25。

（3）水库清淤。除了电站进水口附近和拦污栅进行清淤之外，为了更好地发挥水库经济效益，对水库其他部位也进行一定量的清淤，增大水库有效库容的体积。清淤设备可用挖泥船等设备，清淤费用也类似于电站进水口附近和拦污栅进行清淤的计算方法，主要与清淤后泥沙体积有关。若采用挖泥船，按清淤 3 万 m³/d，则一年约清淤 1080 万 m³，这部分费用为 $P_沙 \gamma_沙 V_清 = 1.5 \times 1.25 \times 1080 = 2025$（万元），机械清理费用约为 1.5 元/t。而 1080 万 m³ 的有效库容可提供的可发电流量约为 0.82m³/s，则每年新增加的发电量为 313.27 万 kW，新增发电效益为 93.98 万元。

所以，总的一次性投入的费用为

$$F_1 = 75 + 672 + 2025 = 2772 \text{（万元）}$$

修复后，大坝每年损失量降低，结构总的可靠性增加，大坝风险值降低，从 2016 年开始，新的计算结果见表 7.9。

表 7.9　　　　　大坝失效概率计算表（2016 年为计算初始年）

时间/年	0	5	10	15	20	25
失效概率/10^{-4}	1.252	2.135	2.964	3.921	4.949	6.058
时间/年	30	35	40	45	50	55
失效概率/10^{-4}	7.097	8.463	9.815	12.127	14.739	17.676

因 $L = 46$ 亿元，于是可以计算不同使用年数情况下大坝的安全风险，见表 7.10。

表 7.10　　　　　　　大坝安全风险计算表

时间/年	0	5	10	15	20	25
安全风险/10^6 元	0.576	0.982	1.363	1.804	2.277	2.787
时间/年	30	35	40	45	50	55
安全风险/10^6 元	3.265	3.893	4.515	5.578	6.780	8.131

在 2016 年进行修复，一次性的费用 $F_1 = 2772$ 万元，而效益的增加值 $B_1 = 93.83$ 万元，大坝结构损失费用降低了 718.98 万元，因此在 $t^* = 2016$ 年处，修复后效益为 $71278.55 + 93.98 = 71372.53$（万元），而损失变为 70840.95 万元，少于 71372.53 万元，说明修复后效益曲线位于损失曲线之上。修复后新的效益曲线与新的损失曲线存在交点 $t^{**} = 2026$ 年（图 7.17），也就是说，延长年限为 $\Delta t = 11$ 年。

然而，2016 年一次性费用 $F_1 = 2772$ 万元，2016—2026 年，11 年期间的总净效益为

$$A = \int_{2016}^{2026} \big[g(t) - f(t) \big] \mathrm{d}t = 5479.32 \ （万元）$$

式中 $g(t)$、$f(t)$ ——修复后效益函数和损失函数。

因此 11 年间平均每年的盈利为

$$R = \frac{A}{\Delta t} = \frac{5479.32}{11} = 498.12 \ （万元）$$

结合回收年限法计算回收年限 $T = \dfrac{\lg R - \lg (R - iF_1)}{\lg (1 + i)} \approx 7.3$（年）$< 11$ 年，说明一次性投入的维修费可以在较短时间内收回来。另外，结合每年效益曲线和损失曲线（图 7.17），根据内部经济收益率（EIRR）和经济净现值率（ENPVR）计算表达式，经过试算得出 $\mathrm{EIRR} = 15.5\% > i(7\%)$，$\mathrm{ENPVR} = 0.259 > 0$，说明采用该方案进行大坝修复可以取得良好的经济效益。

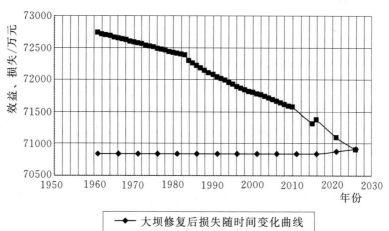

图 7.17　采取大坝加固及水库清淤后年效益与损失变化曲线

2. 方案二

采用方案二，保持大坝效益不变，损失却减少（如进行大坝加固：混凝土

修补和基础灌浆，或者增修鱼道）。

（1）大坝加固措施。类似方案一的方法，则混凝土修复和基础灌浆需要的费用为 $F_1=672+75=747$（万元），然而结构损失费用却下降了 718.98 万元。于是从 2016 年起，大坝每年的效益损失曲线如图 7.18 所示。

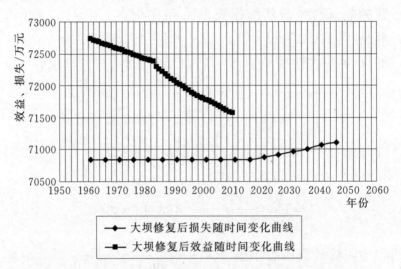

图 7.18 大坝加固后效益损失随时间变化曲线

根据图 7.18 可以计算修复后大坝新的临界时间 $t_1^*=2029$ 年，因此大坝经过加固能够延长使用寿命 14 年，在 2029 年大坝面临被拆除。2016—2029 年期间，大坝带来的绝对总效益为

$$A=\int_{2016}^{2029}\big[g(t)-f(t)\big]\mathrm{d}t=4321.67（万元）$$

则 14 年期间平均每年的盈利为

$$R=\frac{A}{\Delta t}=\frac{4321.67}{14}=308.69（万元）$$

同理可以计算一次性费用回收期限 $T=\dfrac{\lg R-\lg(R-iF_1)}{\lg(1+i)}\approx2.74$（年）$<$ 14 年，说明一次性投入的维修费可以在较短时间内收回来，同样，结合图 7.18 效益曲线和损失曲线，根据内部经济收益率（EIRR）和经济净现值率（ENPVR）计算表达式，经过试算得出 EIRR＝31.5%＞i（7%），ENPVR＝2.38＞0，说明该修复措施经济性相当好。在这里，修复后

$$g(t)=-0.1652t^2+630.54t-528475$$
$$f(t)=0.0508t^2-197.54t+262432$$

（2）鱼道增建。修建鱼道有利于鱼类自由过坝，对一些洄游性的水生生物特别有利。修建鱼道的费用主要取决于鱼道工程量的大小，而土方和混凝土方

量占主要部分，鱼道长 5000m，宽 4m，深 2m，坡降 1/50～1/80。总的土方为 40000m³，混凝土浇筑方量 9000m³，土方单价 15 元/m³，混凝土单价 200元/m³，则总造价约为 240 万元。鱼道修建，上游水库鱼产量与 2006 年相比，上下游鱼产量净增总量为 350t，即上游净增 50t，下游净增产量 300t，鱼产量的变化引起大坝损失的降低，改变量 $V_{鱼}=350$ 万元。

因此，大坝增建鱼道需要一次性投入的经费 $F_1=240$ 万元，而得到的大坝损失却下降 350 万元。该情况下大坝效益损失曲线如图 7.19 所示。

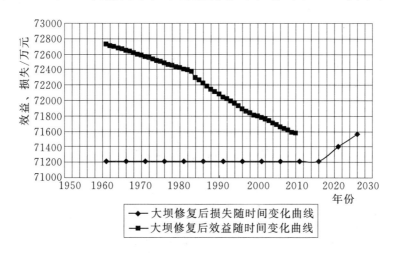

图 7.19　大坝增建鱼道后效益损失随时间变化曲线

增建鱼道后，大坝新的临界时间 $t_1^*=2017$ 年，与 2016 年相比，延长了 2年使用时间。这 2 年内，大坝绝对总效益为

$$A = \int_{2016}^{2017} [g(t)-f(t)]dt = 350（万元）$$

同样计算方法，

$$R = \frac{A}{\Delta t} = \frac{350}{2} = 175（万元）$$

则一次性费用回收年限 $T = \dfrac{\lg R - \lg(R-iF_1)}{\lg(1+i)} \approx 1.5$（年）$<2$ 年，说明投资回收年限接近延长大坝经济寿命，因此需要另外两个指标来评价经济上是否合理，根据前面计算原理，同样算得 EIRR$=17\% > i(7\%)$，ENPVR$=0.23>0$。

3. 方案三

采用方案三，大坝效益增加，损失保持不变（水库清淤）。该方案仍然采用方案一中的水库清淤方案，采用挖泥船进行清淤，按每天清淤 3 万 m³，则一年约清淤 1080 万 m³，这部分费用为

$$P_{沙}\,\gamma_{沙}\,V_{清} = 1.5 \times 1.25 \times 1080 = 2025（万元）$$

机械清理费用约为 1.5 元/t。而 1080 万 m³ 的有效库容可提供的可发电流量为 0.82m³/s，则每年新增加的发电量为 313.27 万 kW，新增发电效益为 93.98 万元。

所以，总的一次性投入的费用 $F_1 = 2025$ 万元。同样的，效益损失曲线如图 7.20 所示。

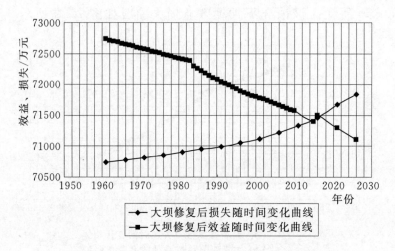

图 7.20　水库清淤后效益损失随时间变化曲线

经过计算，水库清淤后效益损失临界时间 $t_1^* = 2017$ 年，延长的时间为 2 年。同理，可以计算

$$A = \int_{2016}^{2017} \big[g(t) - f(t)\big]\mathrm{d}t = 93.98（万元）$$

于是 2 年内平均盈利为 46.99 万元，所以一次性投入费用回收年限 $T \gg 2$ 年，另外计算得出 EIRR 为负数，小于 7%，ENPVR<0，所以水库进行挖泥船清淤不经济，同时也不能有效延长大坝的经济使用寿命。

综上所述，尽管增建鱼道、大坝修复加固并进行清淤或者只进行大坝加固而不进行清淤，都可以有效地延长大坝经济寿命，但是研究表明：该大坝较为合适的方法就是到了 2016 年只进行大坝加固修复，包括混凝土补强修复和坝基灌浆措施，这样能使大坝延长 14 年的使用年限，充分发挥大坝效益。

7.2.6　大坝修复后再退役分析研究

当修复后 $t_1^* = 2029$ 年，大坝再次面临退役拆除。拆除主要原因归结为 3 条：①大坝使用年限逐年增加，大坝仍面临老化，大坝结构风险损失增大；②水库持续的淤积以及社会经济发展造成可发电流量的绝对减少，从而效益逐年下降；③生态环境损失造成大坝损失加大。这三者间彼此相互影响，形成了大坝拆除的直接原因。

在 2029 年，结合表 7.9 计算结果，大坝结构风险可以通过线性插值近似取为 $P_f=3.729\times10^{-4}$，相应的大坝结构风险损失为 $P_fL=171.56$ 万元 $\gg F_{拆}=5250$ 万元。这说明大坝经过修复后大坝带来的损失总是达不到拆掉大坝需要投入的资金，因此不需要人为投资去拆除，而是让大坝自然废弃和垮掉。

7.3 本 章 结 论

从上述分析可以看出，大坝修复、拆除是有章可循的，并不是盲目根据使用年限的长短轻易下结论。我国目前大坝在日常维护管理中多偏向于进行大坝修复，但修复方式是否合理有效却无法知道，同时也未进行修复前后经济效益的对比，因此没有一套较为科学的评价手段来具体分析一座大坝是否应该修复。同样的，修复后大坝效益如何变化，大坝损失又如何改变，大坝再次面临拆除时也没有现成的一套评价体系。然而通过研究表明，大坝从兴建，到修复直至拆除，其实都存在一定的规律，这也就为我国大坝今后运行管理，特别是病险库加固、维修提供了切实可行的指导原则。

参 考 文 献

［1］ P. 麦卡利. 大坝经济学［M］. 修订版. 北京：中国发展出版社，2001.

［2］ 郭军. 浅谈美国退役坝的管理与我国水库大坝安全管理面对的新问题. http://www.chndaqi.com/news/28033.html，2004 年 6 月 1 日.

［3］ C. R. 唐纳利. 加拿大芬利森坝的拆除［J］. 水利水电快报，2006，27（4）：12－15.

［4］ 水利电力科技. 美国《大坝及水电设施退役导则》简介［J］. 2006，32（1）：42－45.

［5］ 王正旭. 美国水电站退役与大坝拆除［J］. 水利水电科技进展，2002，22（6）：61－63.

［6］ 覃爱基. 堤防风险经济分析方法［J］. 水利经济，1992（4）：19－22.

［7］ 余进生，亢春建，张停. 丹江口大坝加高后发电效益的探讨［J］. 水利水电科技进展，2005，25（6）：88－90.

［8］ 徐玲玲，刘俊萍，李晓，李澎，厉伟光. MMA 基混凝土修补材料的变形、强度及耐久性［J］. 南京工业大学学报（自然科学版），2004（5）：37－41.

［9］ 祁庆和. 水工建筑物［M］. 3 版. 北京：中国水利水电出版社，1997.

第8章

退役坝拆除方法及拆除后生态研究

8.1 退役坝拆除方法研究

8.1.1 常用拆除方法

大坝作为一种建（构）筑物，是通过整体发挥作用的。其拆除实际上就是破坏其整体性，使其转变为非整体的过程，即解体过程。这一过程的完成，需要输入能量，即需要外力的作用。从理论上讲，能使大坝由整体转变为非整体的力有多种不同的形式，因而其拆除也相应具有多种不同的方法。如利用炸药的爆炸力使其解体、利用机械挖除、利用水力冲毁以及人工切割和拆卸等[1-3]。但由于作用力的量值和作用方向的不同，这些方法的拆除效果和适应性也不相同。

1. 水力冲除

水力冲除即利用水流的力量，将水坝的组成材料冲散并将其冲向下游河道。在这种方法中，水对坝体的作用包括水的渗透破坏和水流对筑坝材料的冲击、摩擦作用，以后者为主。渗透虽然有利于筑坝材料的强度降低，但一般都不能造成其瓦解、溃散，因而不能直接导致水坝的毁损。水流对坝体的冲击、摩擦主要集中在水及坝体材料的接触部分，渗透则在坝体材料内部。

水力冲除的特点是：

（1）拆除彻底。在摧毁坝体的同时还能将残渣带到下游河道中去，因而拆除能直达基岩，不留残渣。

（2）经济。首先，水力来自自然，利用水流下泄的冲刷力即可完成全部或大部拆除任务，无需消耗燃油等化石能源和电力；其次，其冲刷能将残渣带往下游，使其较为均匀地分布在下游河道中，而无需人工运渣，是唯一不需要运渣的拆除方法；最后，拆除大坝的同时还可清除坝前水库中淤积的泥沙，是唯一无需单独考虑放空水库和冲淤的方法。

（3）拆除历时短。只要有足够的水头和水量，即可在很短的时间内使坝体消失。

（4）拆除效果和效率都与作用水头的高低和流量的大小密切相关。

（5）一般情况下，水流的冲击力不及机械挖掘力和爆炸力的强度高，因而仅适用于土坝、草土坝、堆石坝等当地材料坝的拆除。

（6）冲毁的坝体可能会堵塞河道，这对泄洪和航运不利。

（7）不便控制。一旦坝体形成缺口，水流将从缺口冲出，此时流量和水头都无法进行控制。

2. 机械挖除

可以利用挖掘机等机械挖除水坝。机械作用力集中在很小的范围内，使坝体的局部破坏、分离。工序：挖掘—装车—运输—弃渣。

机械挖除具有以下特点：

（1）效率低，所需的施工设备多，拆除工期长。

（2）耗能多，成本高。

（3）需要堆渣场和运渣道路——占用土地，破坏植被。

（4）燃油机械带来污染（包括尾气污染、噪声污染及土地油污污染等）。

（5）仅适用于硬度不太高的坝体，如土坝、草土坝、堆石坝等。

（6）便于控制，如挖掘顺序、施工进度、堆渣场地等都可人为地控制。

（7）须妥善安排其挖掘顺序，否则，坝体失稳会造成重大安全事故。

3. 爆破拆除

爆破拆除即在坝体中钻孔并在钻孔中装填炸药，利用炸药爆炸时产生的力使水坝解体。它是炸药的化学能转变为机械能的过程。

工序：爆破设计—钻孔—清孔验收—装填炸药、安置雷管—连接爆网—警报、疏散—起爆—铲装—运输—弃渣。

爆破拆除具有以下特点：

（1）威力大，破坏力强，效率高。

（2）所需的机械设备较少，成本相对较低。

（3）爆破本身存在一定的危险性，需要专业人员操作。

（4）爆破具有负面影响，如爆破震动、飞渣、有毒炮烟等。

（5）对于大体积重力坝，可能需要多次爆破才能彻底拆除。

（6）适用面广，几乎所有类型的水坝都能通过此法拆除。

4. 无声破碎——静力迫裂

无声破碎包括水压致裂和静态膨胀剂破碎。二者都需在坝体中钻孔（当然也可利用已有的孔洞），并在所钻的孔中注入施力介质。前者是在钻孔中灌水，并利用机械提高水压力，利用水的传力作用对钻孔壁施加水压力，使坝体破裂、解体。后者则是在所钻出的孔中填入反应时能产生膨胀的固体材料，利用此材料产生的膨胀压力使钻孔周围介质破裂、解体。

固体膨胀剂破碎工序：设计—钻孔—清孔验收—装填无声破碎剂—浇水—膨胀破碎—撬松—铲装或吊装—运输—弃渣。

水压破碎工序：设计—钻孔—清孔验收—安置阀门并封闭孔口—试压水—压水、破裂—撬松—铲装或吊装—运输—弃渣。

无声破碎具有以下特点：

(1) 与爆破相比，危险性很小。

(2) 作用威力小，需要密集的钻孔，拆除成本高。

(3) 效率较爆破低，工期较爆破长，操作较爆破复杂。

(4) 仅适用于硬质坝体的拆除，不适用于变形能力强的坝体。

(5) 水压致裂所需的设备较多（如钻孔设备、压水设备等）。

5．切割解体

切割解体即利用圆盘形的锯片或串珠状的绳锯等将坝体切割成块状，然后将其运往堆渣场。

切割解体施工工序：设计—安置锯机—切割—转移锯机—再次切割—吊装—运输—弃渣。

采用绳锯切割时，还需钻孔和穿绳等工序。

切割解体具有以下特点：

(1) 锯片和锯绳消耗量大，耗能多，成本高。

(2) 工效很低。

(3) 操作不便。

(4) 仅适用于硬质坝体的拆除。

(5) 有噪声污染，操作不当时还会产生粉尘污染。

8.1.2　拆除方法的选择

不同的水坝，往往存在着多方面的差别。如组成材料的不同、外形的不同以及规模的不同等。这些差异使其拆除需要采用不同的方法。选择拆除方法时，一般需考虑以下几个方面。

1．坝体的组成材料——关键因素

根据组成材料的不同，水坝分为混凝土坝、土坝、草土坝、混凝土面板堆石坝、砌石坝、沥青坝、橡胶坝、木坝和钢板桩坝等。

由不同材料组成的水坝，其材料间的结合力大小是不同的，因而，使其组成材料分离所需要的作用力量值也不相同。其中，土坝、草土坝、堆石坝的组成材料之间的结合力小，所需的拆除力也相应较小，采用水力或机械都可将其顺利拆除。但混凝土坝的强度较高，其拆除就不能采用这两种方法。

除了组成材料方面的区别外，不同的水坝可能还存在着材料结合方式的不同。例如，同样是以块石构成的坝体，就存在着堆石坝和砌石坝之别。前者的石块之间一般为土填充、黏结，其结合力很小，可用水力和机械拆除；而后者的块石之间由水泥砂浆黏结，其结合力较大，一般只能采用爆破或无声破碎法拆除。又如，碾压混凝土坝和常规混凝土坝都由混凝土构成，但碾压混凝土的强度一般都较常规混凝土低，因而其拆除也较后者容易，除了可通过爆破拆除外，还可采用静态破碎法使其解体。

2. 拆除工期的要求

工期短时宜用爆破法和水力法拆除，否则可考虑机械拆除。

3. 弃渣的处理

弃渣可集中堆积，也可冲往下游使其沿河道分布。前者需要人为的运输和适合的堆积场地；而后者可能导致河道堵塞，这对泄洪和航运不利。

4. 死水位以下水体和淤泥的处理

是先放空上游水体，还是先挖淤泥，需要视坝体高度而定。如果坝体很高，则可能需要先放空上游水库，再局部清淤，然后钻孔进行爆破或者水力冲除。如果坝体低矮，则可以直接用爆破或水力冲除。

5. 安全性

拆除过程中需考虑安全性。水力不易控制，爆破存在一定的危险，机械相对较安全。

6. 经济性

水力最经济，机械拆除的成本最高，爆破介于两者之间。

8.2　退役坝拆除技术

8.2.1　拆除过程

1. 低矮坝

（1）降低库水位（水力冲除除外）。

（2）拆除部分坝体，使其坝高降低（分层拆除并先拆上层）或坝长缩短（分段拆除，先开一个缺口）。

（3）清除水库中的部分淤泥。

（4）拆除剩余坝体。

2. 中高坝

可能需要多次反复进行低矮的水坝的拆除过程。

3. 准备工作

（1）施工前准备。

1）取得设计文件，全面了解大坝的结构。

2）了解水库的蓄水深度和水量，同时了解坝前的淤积情况，如淤积深度、淤积总量、淤积物的形态及其有害性等。

3）全面了解有关水文气象、地形、地质条件等技术资料。

4）全面了解现场施工条件，如施工场地有无电缆、管道、道路、水下有无障碍、施工机械停放场地、弃料场的布置等详细情况。

5）了解水坝下游：河道的泄水能力、两岸允许的水位升高值、岸坡的允许水流速率、允许的淤积层厚等。

6）合理选择拆除时间，即拆除施工时段，尽量选择在枯水期，一方面减少开挖下泄流量，另一方面减少水下开挖或爆破难度。

7）选择拆除方法。

8）规划泄水的流量，制订筑坝材料的处理和清淤措施。

9）根据不同的拆除方法，编制详细的施工组织设计。如绘制被拆大坝平面布置图，建立控制网等。

10）制订具体拆除施工方案，如拆除顺序（是分层拆除还是分段拆除）、绘制开挖过程线和施工进度计划、确定资源配备等，并将拆除计划上报有关部门审批。

（2）拆除施工中的工作。

1）组织施工队伍、施工机械进场，采购所需的材料、能源等。

2）按已批准的施工组织设计组织施工。

（3）施工后期工作。

1）进行拆除效果的评价。

2）建立监测网站，全面监测大坝拆除后河流形态、水文气象以及生态效应的变化。

3）对拆除后出现的新问题及时进行处理。

8.2.2 拆除技术要点

（1）水库中水体的处理。

（2）淤积泥沙的处理（特别是库内淤积严重的水坝）。

（3）弃渣的处理。

（4）不同形状（主要是坝轴线——直线型水坝和曲线型水坝）水坝的拆除方法及要点。

（5）不同规模（主要是坝高和库容）水坝的拆除方法及要点。

（6）反渗透可能引起的滑坡防治。

（7）泄水时下游水位的控制与生态保护。

（8）库区淹没水位以下的生态恢复。

8.3 退役坝拆除对河流生态效应的影响[4-5]

生态系统的成长是一个过程。从长时间尺度看，自然生态系统的进化需要数百万年时间。进化的趋势是结构从简单性、生物群落单一性、系统无序性、内部不稳定性逐渐向复杂性、生物群落多样性、系统有序性及内部稳定性转变，同时抵抗外界干扰的能力不断增强。从较短的时间尺度看，生态系统的演替，即一种类型的生态系统被另一种生态系统所代替也需要若干年的时间，因此，期望大坝拆除后河流生态修复措施能够短期奏效往往是不现实的。在研究拆坝措施的影响时也需要分不同的时间尺度来考虑。

8.3.1 退役坝拆除的长期生态效应影响

1. 水流变化

水流是河流基本特性的控制性因素，自然界的每条河流其水流状态各有不同。水流速度、水位、水流运动规律、水流随季节变化等决定了河流的自然形态和生物群落。大坝拆除后，水流由缓流变成激流，许多湖泊型鱼类将逐渐失去优势，而喜急流类鱼种将增加，同时河床冲刷加剧，流态复杂。

2. 从水库变为自由流动的河流

大坝把河流的蓄水段变成了流动很缓慢、类似湖泊的一种生境，通常称之为水库，于是改变了原河流的种类构成。人工湖泊逐渐消失，而河道型急流出现，河流没有受到人造建筑物阻隔，鱼类能自由穿行在河流。

3. 温度

水深增加，流速减慢，必然会对水库内部和下游的温度产生影响。

调整大坝结构可以减轻温度变化。目前有关拆坝对水温的影响研究很少，但是水库的拆除必然会恢复自然温度条件，大坝拆除瞬间，有利于水体温度的混合，但从长远讲，温度逐渐趋于一致。

4. 泥沙输运

大坝拆除后一个主要的环境问题是大坝水库中长年堆积的泥沙问题。拆坝可以使泥沙运动恢复常态，大坝被拆除后，细砂随水迁移，卵石、砾石和河床基石裸露出来，从而造成流态的多样性，有利于不同动植物的生长。

但是，坝被拆除后，上游泥沙形成较高的不稳定台地，在原水库上游处可能遭遇自然洪水，由此形成的侵蚀和下切等现象使得拆坝后河流和洪泛区的修复过程十分复杂。同时，泥沙量对下游段具有严重的地貌和生物影响。另外，泥沙中的有毒物将逐渐向下游扩散，危及下游水生生物和人类的生命安全。

5. 连接度

连接度是河流系统的一个重要参数，包括水流、水质、温度和泥沙输运等。同时，连接度也是使生物可以在河流系统中运动的重要因素。当大坝有部分鱼道设施时，拆坝可以减少鱼道设施中由于漩涡等作用造成的伤亡。拆坝可以减少穿过鱼道设施和水库造成的延迟。因为鱼道设施不能同时满足大量鱼类同时过坝，拆坝可以加速鱼类运动，增加成功繁殖的概率。拆坝也会让一些平时不能穿过鱼道的生物自由进入上下游，一方面有利于生态修复，另一方面可能会引起外来物种入侵。

6. 生物多样性

大坝的建设降低了原有水生生物种群的丰度和密度，并造成岸边植被的变化。大坝从多方面影响了生物多样性的变化，用拆坝方式修复河流可以增加生物多样性。水流波动增加产生的生物栖息地对很多生物都是有益的。如果大坝被拆除岸边区域就会经常处于裸露和受淹的环境，这样势必增加河流岸边的生境多样性，于是有利于修复岸边植被和湿地，重新建立岸边和水环境之间的联系，有利于促进需要大量水生植物的陆生种类的增加，一些水生生物生长所需的临时栖息地也会得以恢复。

8.3.2　拆坝的短期生态效应影响

1. 泥沙

大坝的完全或部分拆除都会导致下游的泥沙运动和迁移。因拆坝，流态及河床形状发生较大改变，势必引起水流挟沙特性改变。

2. 泥沙内污染源扩散

拆坝产生的污染也是一个重要问题。泥沙比表面积较大，易于吸附污染物质。水库堆积的细小泥沙一旦释放，对河流具有重大威胁。污染物质也可能附着于藻类和微生物上，随着食物链的扩大，这些有害物质会在更高层次的生物体内富集。

8.4　退役坝拆除前后的安全监测

大坝经常会在大面积的区域内造成不可逆转的环境变化，因此具有潜在的大影响。大坝影响的地区，上至水库集水区上缘，下达河口、海岸带及近海地区。建坝会带来直接的环境影响，如粉尘、水土流失、采料和弃渣问题等。大的影响是由于水库蓄水、土地淹没和水流形态的改变引起的，这对土地、植被、野生动物、荒地、渔业、气候、特别是对当地居民会产生直接影响。大坝的间接环境影响来自大坝的施工建设和运行维护，如对外交通道路、施工营地和输电线路等，以及修建大坝后可能发生的农业、工业或城市开发活动。有时，这种间接影响比直接影响还严重。除了建坝对环境的影响外，反过来环境对大坝也有很大影响。影响大坝正常运用和使用寿命的环境因素主要是水库上游地区土地、水资源和其他资源的利用方式，如农业耕作、土地开发和森林采伐等，因为这些活动可能造成水库及下河道泥沙淤积的增加和水质的变化。

大坝与其他水利工程相比，存在以下特殊的生态和社会问题：

（1）水文由河流效应逐渐变成湖沼效应。在河道上筑坝形成人工湖泊，会深刻改变河系的水文条件。水流时间、过程、水质、供水方式、水生生物群落以及河流泥沙都会发生剧烈的变化。淹没土地上的有机物的分解和上游土地使用肥料使水库中的营养物增加，这会加快水藻和水生杂草的生长，从而加大堵塞水库的泄水口或灌渠进水口的可能性，同时也会增加水处理成本，妨碍航运和增加蒸腾水量损失。河水携带的悬浮颗粒会沉积在水库中，从而减少其有效库容，影响其使用期限。

（2）社会问题。大坝的受益者往往是城市居民、部分农业人口和距离大坝有一定距离的其他群体。而居住在水库淹没区和下游洪泛区的居民受益较少或根本不受益，但这些人却要承受建坝带来的严重的环境和社会影响。水库蓄水常常意味着成千上万的人非自愿移民，这不仅会给这些移民而且会给迁入区的百姓带来深远的社会影响。留在库区的居民，在用水、土地和生物资源利用方面往往也会受到限制。下游沿河传统渔业和洪泛区农业也会因河道流量的变化和水流含沙量的减少而受到影响。

（3）渔业和野生动物。随着河道流量、水质和水温的变化，鱼类会丧失产卵场，洄游遇到障碍，河流的渔业产量一般会下降。但有时水库渔业的产量会超过原来河流渔业的产量。在物种丰富的河口地区，水流量和水质的变化会使海洋和河口鱼类及水生有壳类动物遭殃。河道中淡水流量的变化，会导致河口盐度平衡发生变化，进而改变物种的分布和鱼类繁殖模式。营养物水平的变化及河水水质下降都会对河口的生产能力及一些海洋生物和回游鱼类产生重大影响。但是，对野生生物最大的影响是由于水库蓄水和上游土地利用方式的变化使其丧失栖息地。同样，水库和相关的开发活动会对迁徙类野生生物产生影响。不过，水生动物群落，包括水禽、爬行动物和两栖动物的数量，则可能会由于建库而有所增加。

大坝作为特殊的建筑物，其特殊性也可用三个方面的特点来概括：①投资及效益的巨大和失事后造成灾难的严重性；②结构、边界条件及运行环境的复杂性；③设计、施工、运行维护的经验性、不确定性和涉及内容的广泛性。

以上特殊性说明了要准确了解水库大坝工作状态，只能通过大坝安全监测来实现，同时也说明了大坝安全监测的重要性。

8.4.1　拆坝前的安全监测

1. 监测范围和内容

大坝安全监测的范围包括坝体、坝基、坝肩，以及对大坝安全有重大影响的近坝区岸坡和其他与大坝安全有直接关系的建筑物和设备，例如，泄洪设备及电源的可靠性、梯级水库的运行及大坝安全状况、下游冲刷及上游淤积、周边范围内大的施工特别是地下施工爆破等。

大坝安全监测的范围应根据坝址、枢纽布置、坝高、库容、投资及失事后果等进行确定，根据具体情况由坝体、坝基推广到库区及梯级水库大坝，大坝安全监测的时间应从设计时开始直至运行管理，大坝安全监测的内容不仅是坝体结构及地质状况，还应包括辅助机电设备及泄洪消能建筑物等。

2. 监测手段和方法

大坝安全监测包括巡视检查和仪器监测，巡视检查和仪器监测是分不开的。前者也要尽可能地利用当今的先进仪器和技术对大坝特别是隐患进行检查，以便做到早发现早处理。如土石坝的洞穴、暗缝、软弱夹层等很难通过简单的人工检查发现，因此，必须借用高密度电阻率法、中间梯度法、瞬态面波法等进行检查，从而完成对其定位及严重程度的判定。人工巡查和仪器监测分不开的另一条原因是由大坝的特殊性和目前仪器监测的水平所决定的。一方面，大坝边界条件和工作环境较为复杂，同时，由于材料的非线性（特别是土石坝），从而使监测的难度增大；另一方面，目前仪器监测还只能做到"点（小范围）监测"，如测缝计只能发现通过测点的裂（接）缝开度的变化，而不能发现测点以外裂（接）缝开度的变化；变形（渗流）测点监测到的是坝体（基）综合反应，因而难以进行具体情况的原因分析。正是由于上述原因，监测手段和方法必须多样化，即将各种监测手段和方法结合起来，将定性和定量监测结合起来，如将传统的变形、渗流、应力应变及温度监测与面波法、彩色电视、超声波、CT、水质分析等结合起来。随着科技水平的发展，一种真正的分布式测量系统——光纤测量系统已经问世，该系统将光纤既作为传感部件，又作为信号传输部件埋设于坝体中，使每一根光纤成为大坝的神经，感受大坝性态的变化并具体定位，从而使监测走向立体和全方位。

8.4.2 拆除后的安全监测

大坝拆除后，河流各种环境又将发生质的改变。为此必须紧密结合大坝拆除之后带来的短期效应和长期效应进行监测。短期效应监测的内容主要有泥沙搬运规律、水文特性、水质变化、水温等；而长期的监测主要集中在生物种群数量的改变、生境恢复的情况、外来物种数量分布、主要动植物栖息地、繁殖场所分布等几个方面。只有做到上述几点，才能真正起到大坝监测的良好效果。

8.5 本 章 结 论

拆坝是环境管理中的一个重要课题。在资源有限的情况下，人们需要决定哪些坝应该被拆除，怎样拆除。拆坝的基本理论需要更进一步研究，拆坝后的影响很难正确预测，大坝的管理机构缺少拆坝的共同目的，因此拆坝措施很难实施。如果将建造大坝作为满足水和能源需求的最好选择，即使选择了最好的坝址，负面的环境影响也很少能够完全避免。但是，可以采用一系列的缓解措施来处理这些负面影响。而最好的办法是将缓解措施综合到大坝的设计中去，当然也可以事后采取这些缓解措施。

经验证明，大坝拆除对沿岸环境而言，既不简单也并非总是有益的。近年来，很多生态学家和管理者对拆除大坝在河流修复中的价值进行了研究。这可以促进对流域更好地管理和对河流修复的正确理解。但是，要保证拆坝的实施效果，必须认真研究并预测拆坝的影响。在大部分流域中，要成功修复河流，并不单单靠拆坝就能完成。大部分的河流不只受一种外在因素的影响，因此需要采取附加措施，拆坝需要与其他河流的保护和修复措施共同实施。

参 考 文 献

[1] 倪锦初，严裕圣．丹江口大坝老混凝土拆除爆破试验研究 [J]．水利水电快报，2002，23 (9)：3-4.

[2] 管志强．爆破法和水力冲刷结合拆除黏土拦河坝 [J]．IM&P 化工矿物与加工，1998 (5)：33-34.

[3] 王小林，徐书雷，吴枫．国内外拆除爆破技术发展现状 [J]．西安科技学院学报，2003，23 (3)：270-273.

[4] 韩玲．马蒂利杰坝采用现代化方法拆除 [J]．水利水电快报，2001，22 (17)：17.

[5] 俞云利，史占红．拆坝措施在河流修复中的运用 [J]．人民长江，2005，36 (8)：15-17.